Stefan Vöth

Maschinenelemente
Aufgaben und Lösungen

Festigkeit, Verbindungen, Antriebe

Stefan Vöth

Maschinenelemente
Aufgaben und Lösungen

Festigkeit, Verbindungen, Antriebe

Mit 172 Abbildungen und Tabellen
sowie 42 Aufgaben mit Lösungen

Teubner

Bibliografische Information der Deutschen Bibliothek
Die Deutsche Bibliothek verzeichnet diese Publikation in der Deutschen Nationalbibliografie;
detaillierte bibliografische Daten sind im Internet über <http://dnb.ddb.de> abrufbar.

Prof. Dr.-Ing. Stefan Vöth lehrt am Fachbereich Maschinen- und Verfahrenstechnik an der Technischen Fachhochschule Georg Agricola in Bochum.

1. Auflage Januar 2007

Alle Rechte vorbehalten
© B.G. Teubner Verlag / GWV Fachverlage GmbH, Wiesbaden 2007

Der B.G. Teubner Verlag ist ein Unternehmen von Springer Science+Business Media.
www.teubner.de

Umschlaggestaltung: Ulrike Weigel, www.CorporateDesignGroup.de
Druck und buchbinderische Verarbeitung: Strauss Offsetdruck, Mörlenbach
Gedruckt auf säurefreiem und chlorfrei gebleichtem Papier.

ISBN 978-3-8351-0054-1

Vorwort

Zum Gebiet der Maschinenelemente sind bereits viele Titel erschienen. Sowohl hinsichtlich der Breite der Darstellung als auch bzgl. der konzentrierten, vertieften Behandlung einzelner Themen ist eine Vielzahl von Werken verfügbar.

Wo liegen also die Schwerpunkte dieses Buches?

In der industriellen Praxis wird in zunehmendem Maße das Denken in Systemen gefordert. Die Konsequenz für den Ingenieur im Maschinenbau und verwandten Gebieten ist hieraus die vernetzte Anwendung von Kenntnissen z.B. aus den Gebieten der Technischen Mechanik, der Maschinenelemente, der Antriebstechnik, des Technischen Zeichnens und der Konstruktion. Diesem Anspruch will dieses Werk zumindest ansatzweise in den dargestellten Aufgaben, Lösungen und Kommentaren gerecht werden.

Für das Lernen auf einem Themengebiet ist es wichtig, Aufgaben selbständig anzugehen und individuell einen geeigneten Lösungsweg zu suchen. Nach intensiver Bearbeitung einer Aufgabe ist es dann von Bedeutung, einen möglichen Lösungsweg vorliegen zu haben. Anhand dieser Lösung können unterschiedliche Ansätze aufgearbeitet und bisher unbekannte Aspekte erarbeitet werden. Dem folgend sind in diesem Buch zu allen Aufgaben Lösungswege dargestellt und zum näheren Verständnis kommentiert.

Das vorliegende Werk ist dazu geeignet, sich intensiv in das Gebiet der Maschinenelemente einzuarbeiten. Damit bietet es insbesondere den Studierenden des Maschinenbaus und verwandten Fächern eine Unterstützung. Darüber hinaus kann es auch Praktikern in den Tätigkeitsbereichen Entwicklung, Konstruktion und Prüfung eine gute Hilfe sein.

Ich freue mich, wenn der ein oder andere Punkt Sie motiviert, sich mit diesem Werk näher zu befassen.

Dieses Buch ist kein Grundlagenlehrbuch. Vielmehr soll es die Lösung praxisorientierter Aufgaben unterstützen. Trotzdem gibt es im Umfeld von Praxisaufgaben immer Aspekte, deren Erläuterung auch für den Praktiker von Bedeutung ist. Solche Punkte werden in diesem Buch durch so genannte Anmerkungen aufgegriffen. Die Anmerkungen geben Hinweise für die Interpretation von Lösungen und gehen auf weiterführende Aspekte ein. Insofern werden grundlegende Themen aufgegriffen, ohne den roten Faden des Buches - bestehend aus Aufgaben und Lösungen - zu verwischen.

Gerade auf dem Gebiet der Maschinenelemente stellt sich wiederkehrend die Frage, mit welchem wissenschaftlichen Anspruch das Thema angegangen wird. Viele Zusammenhänge sind sehr komplex und im Detail gar nicht verstanden. Auf der anderen Seite existieren zum großen Teil einfache Berechnungsregeln zur Auslegung von Maschinenelementen. Der Fokus dieses Buches liegt in der Darstellung von Berechnungskonzepten und deren ingenieurmäßiger, zielorientierter Anwendung in der Praxis. Es werden wesentliche Zusammenhänge gezeigt, nicht aber Detailfragen mit wissenschaftlicher Präzision aufgegriffen. Ein Beispiel hierfür ist der dynamische Festigkeitsnachweis. Dieser wird hinsichtlich seiner grundlegenden Aspekte dargestellt. Nicht thematisiert werden allerdings die unterschiedlichsten auf dem Markt befindlichen Konzepte, die selbst zum Teil geringfügigste Einflussgrößen und deren gegenseitige Beeinflussung behandeln.

Ich bedanke mich bei allen Beteiligten, die zum Gelingen des Buches beigetragen haben. Zunächst zu nennen ist die Vielzahl an Impulsen seitens der Studierenden. Darüber hinaus gilt mein Dank den Unternehmen, die durch ihre Beiträge und Diskussionsbereitschaft eine plasti-sche und praxisnahe Präsentation des Themas ermöglicht haben. Zu guter Letzt hat auch die zielgerichtete Zusammenarbeit mit dem Lektorat das Projekt unterstützt.

Trotz aller Mühe ist natürlich nicht ausgeschlossen, dass sich weiterhin Verbesserungs-potentiale in diesem Buch verbergen. Entsprechende Hinweise werde ich gerne aufgreifen. Vor diesem Hintergrund wird auch darauf verwiesen, dass für Arbeiten auf Grundlage des Buches keine Gewähr übernommen werden kann. Insbesondere sind stets aktuelle Normen und Richt-linien, die gültigen Hinweise von Herstellern und der Stand der Technik zu beachten.

Viele Erfolgserlebnisse bei der Bearbeitung wünscht Ihnen

Stefan Vöth

Velbert im Juni 2006

Inhalt

1 Festigkeitslehre

1.1 Zangengreifer

1.1.1 Aufgabenstellung Zangengreifer

Zur Handhabung von Lasten können mechanische Zangengreifer wie in Bild 1.1-1 dargestellt eingesetzt werden. Der Zangengreifer wird dabei z.B. durch einen Kranhaken gehalten und schließt sich automatisch durch sein Eigengewicht. Die Last, hier eine Bramme, wird durch die Greifbacken allein über Reibung getragen.

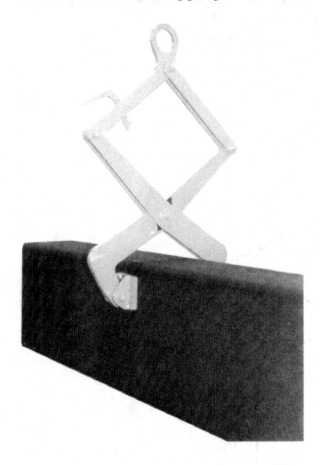

Bild 1.1-1:
Zangengreifer [Siegert]

Bearbeitungpunkte:

Teilaufgabe 1:

Welche Kräfte wirken auf die einzelnen Bauteile des Zangengreifers wie die Aufhängeöse, die Zugstäbe, die Hebel und die Greifbacken sowie auf die Last? Lösungshinweis: Arbeiten Sie sich von den von Außen auf das System einwirkenden Kräften zu den zwischen den Bauteilen wirkenden Kräften vor.

Teilaufgabe 2:

Welcher Haftreibungskoeffizient muss mindestens zwischen Greifbacken und Last vorliegen, damit die Last statisch gehalten werden kann?

Teilaufgabe 3:

Welche örtliche Lage hat die Resultierende der Flächenpressung zwischen den Greifbacken und der Last?

Zur Lösung der Aufgabe ist der Zangengreifer als mechanisches Modell abzubilden. Hier wird der Zangengreifer als symmetrisches, ebenes Modell abgebildet (Bild 1.1-2). Der aus Zugstäben, Hebeln und Greifbachen bestehende Greifer hebt die Masse m. Um dies zu bewerkstelligen wird der Zangengreifer mit der Kraft F_H an seiner Aufhängeöse getragen. Essentiell für die Funktion des Zangengreifers ist das Wirken der Schwerkraft, allerdings soll das Eigengewicht der Zange bei der Lösung nicht berücksichtigt werden.

Der Zangengreifer und die Last zeichnen sich durch folgende Daten aus:

Masse $m = 1000$ kg
Winkel $\alpha = 30°$
Greifbreite $b = 0,3$ m
Zangenbreite $B = 0,5$ m
Hebellänge $L = 0,1$ m

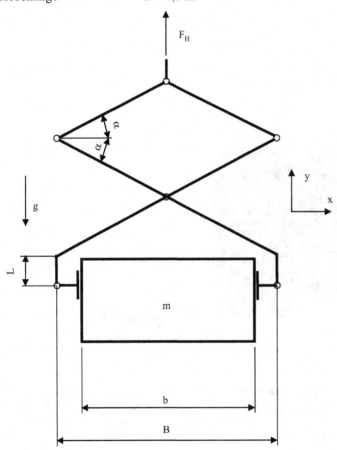

Bild 1.1-2:
Mechanisches Modell
des Zangengreifers

1.1.2 Mögliche Lösung zur Aufgabe Zangengreifer

Teilaufgabe 1: Kräfte auf die Bauteile

Die Vorgehensweise bei der Ermittlung der auf die einzelnen Bauteile wirkenden Kräfte sieht wie folgt aus: Zunächst werden die auf das Gesamtsystem wirkenden Kräfte aufgetragen. Anschließend werden die einzelnen Bauteile durch Schneiden voneinander getrennt. Die aufgehobenen Bindungen zwischen den Bauteilen sind durch die zu erwartenden Lagerreaktionen zu ersetzen. Gemäß dem Prinzip Actio = Reactio ist darauf zu achten, dass die zwischen zwei Bauteilen wirkenden Kräfte auf beide Bauteile gleichermaßen wirken, allerdings mit umgekehrter Wirkungsrichtung.

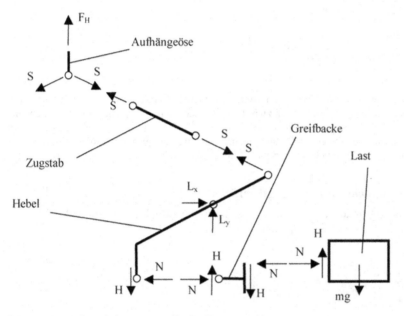

Bild 1.1-3: Freigeschnittene Bauteile des Zangengreifers

Durch Anwendung der Gleichgewichtsbedingungen lassen sich die wirkenden Kräfte bestimmen:

Aufhängeöse:

$$\sum F_y = 0 = mg - 2S \sin \alpha$$

$$S = \frac{mg}{2 \sin \alpha} = 9810 \text{ N}$$

Last:

$$\sum F_y = 0 = 2H - mg$$

$$H = \frac{mg}{2} = 4905 \text{ N}$$

Hebel:

$$\sum M_{\text{L}} = 0 = S\sin\alpha\frac{B}{2} + S\cos\alpha\frac{B}{2}\tan + H\frac{B}{2} - N\left(L + \frac{B}{2}\tan\alpha\right)$$

$$N = \frac{0,75\,mg\,B}{L + 0,5\,B\tan\alpha} = 15056\ \text{N}$$

$$\sum F_y = 0 = S\sin\alpha + L_y - H$$

$$L_y = H - S\sin\alpha = 0$$

$$\sum F_x = 0 = L_x - N - S\cos\alpha$$

$$L_x = \left(\frac{0,75B}{L + 0,5B\tan\alpha} + \frac{1}{2\tan\alpha}\right)mg = 23551\ \text{N}$$

Anmerkung:

Die normal auf die Last wirkende Kraft N ist proportional zur Gewichtskraft der Last mg. Dies bedeutet, dass es bei ausreichenden Reibungsverhältnissen zwischen Greifbacken und Last alleine von der Zangengeometrie abhängig ist, ob die Last gehalten werden kann oder nicht. Eine hinreichende Zangengeometrie ist also in der Lage, Lasen beliebiger Größe zu tragen. Allerdings nehmen mit größeren Lasten die Schnittgrößen und damit die erforderlichen Querschnitte in den Bauteilen des Zangengreifers zu.

Teilaufgabe 2: Erforderlicher Haftreibungskoeffizient

Die Haftreibung muss zumindest so groß sein, dass durch die aufgebrachte Normalkraft N, die erforderliche Haftkraft H erzeugt werden kann:

Haftreibungsgesetz:

$$\mu_{\text{H}} \geq \frac{H}{N} = \frac{L + 0,5B\tan\alpha}{1,5\,B} = 0,33$$

Anmerkung:

Praktisch stellt sich nun die Frage, wie hoch der Haftreibungskoeffizient mindestens sein sollte. Oder anders formuliert: Welche Sicherheit gegen Durchrutschen der Last soll gewährleistet sein? Da diese Frage hinsichtlich des Arbeitsschutzes von hoher Relevanz ist, wird die Beantwortung nicht der Philosophie des einzelnen Konstrukteurs überlassen. Vielmehr können dem Stand der Technik entsprechende Mindestwerte für die Haltesicherheit einschlägigen Richtlinien entnommen werden.

Teilaufgabe 3: Angriffspunkt der Normalkraft auf Backe

Die Haftkraft H bewirkt ein rechtsdrehend wirkendes Drehmoment um das Gelenk auf die Greifbacke. Da ansonsten keine Kräfte auf die Backe wirken, muss dieses Moment durch die Momentenwirkung der Normalkraft N kompensiert werden. Diese greift also nicht auf Höhe des Gelenks, sondern in einem Abstand e über dem Gelenk an. Der Abstand e ist bestimmt über das Momentengleichgewicht an der Greifbacke:

Momentengleichgewicht an der Greifbacke um den Gelenkpunkt:

$$\sum M = 0 = Ne - H\frac{B-b}{2}$$

$$e = \frac{L + 0,5\,B\tan\alpha}{3}\frac{B - b}{B}$$

$$e = 0,032 \text{ m}$$

(B-b)/2

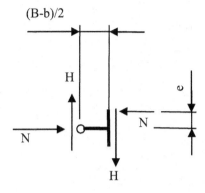

Bild 1.1-4:
Kräfte an der Greifbacke

Anmerkung:

Entscheidender erster Schritt zur Lösung der Aufgabe ist es zu erkennen, dass die Kraft an der Aufhängeöse F_H exakt dem Gewicht von Zange und Last entsprechen muss. Unter Vernachlässigung des Eigengewichtes der Zange entspricht F_H dem Gewicht der Last.

Anmerkung:

Die vertikale Lagerkraft L_y am Hebel errechnet sich hier zu Null. Bei genauer Betrachtung ist ersichtlich, dass sich dies für dieses System immer so ergibt. Sowohl an der Anlenkstelle des Zugstabes am Hebel als auch an der Verbindung von der Greifbacke zum Hebel wird vertikal exakt die halbe Gewichtskraft der Last eingeleitet Diese beiden Kräfte kompensieren sich, so dass keine vertikale Kraft im Gelenk zwischen den Hebeln auftreten kann und muss.

Anmerkung:

Sowohl der Betrag als auch der Angriffspunkt der Normalkraft auf die Greifbacke sind zunächst unbekannt. Der Betrag der Normalkraft ergibt sich aus der Geometrie der Zange. Lediglich durch die Geometrie kann sichergestellt werden, dass eine ausreichend hohe Normalkraft zum Halten der Last über Reibung aufgebracht wird. Ebenfalls unbekannt ist der Angriffspunkt der Normalkraft der Greifbacke. Diese Normalkraft kann nicht auf Höhe des Gelenks der Greifbacke eingeleitet werden. Dies würde zu einem Ungleichgewichtszustand an der Backe führen, da dem Drehmoment aus den Haftkräften H kein Drehmoment entgegensteht. Vielmehr müssen die Normalkräfte N über ihren Abstand e das Drehmoment bereitstellen, welches zum Gleichgewicht an der Greifbacke führt. Praktisch liegt an der Greifbacke eine Flächenpressung mit unbekannter Verteilung vor, welche durch die Normalkraft konzentriert dargestellt werden kann.

1.2 Gelochter Zugstab

1.2.1 Aufgabenstellung Gelochter Zugstab

Der im Bild 1.2-1 gezeigte zentrisch gelochte Zugstab wird in größeren Abstand von der Lochung mit einer statischen Zugkraft F_Z belastet.

Für das Bauteil wird eine Sicherheit gegen Fließen des Werkstoffs S235JR von mindestens $v = 2,0$ gefordert.

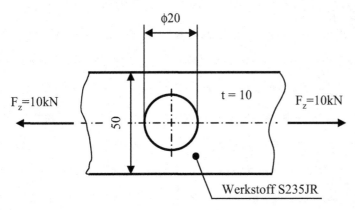

Bild 1.2-1: Zentrisch gelochter Zugstab

Bearbeitungspunkt:

Prüfen Sie, ob die Forderung nach einer Sicherheit gegen Fließen von mindestens $\nu = 2{,}0$ erfüllt ist.

Als Informationen liegen eine Tabelle mit werkstoffkennwerten (Bild 1.2-2) und eine Grafik zur Ermittlung von Formzahlen für zentrisch gelochte Stäbe (Bild 1.2-3) vor:

Werkstoff Name	Werkstoff Nummer	Bruchdehnung A in %	Bruchfestigkeit R_{m} in N/mm²	Streckgrenze R_{e} in N/mm²
S185	1.0035	18	310	185
S235JR S235JGG1 S235JRG2 S235JO S235J2G3 S235J2G4	1.0037 1.0036 1.0038 1.0114 1.0116 1.0117	26	360	235
S275JR S275JO S275J2G3 S275J2G4	1.0044 1.0143 1.0144 1.0145	22	430	275
S355JR S355JO S355J2G3 S355J2G4 S355K2G3 S355K2G4	1.0045 1.0553 1.0570 1.0577 1.0595 1.0596	22	510	355

Bild 1.2-2: Werkstoffkennwerte von unlegierten Baustählen, warm gewalzt. nach DIN EN 10025

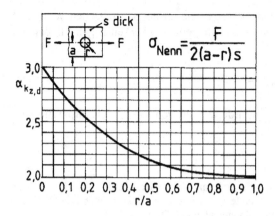

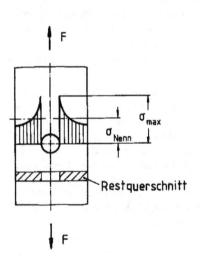

Bild 1.2-3: Formzahlen für zentrisch gelochte Zugstäbe [Zammert, S.158]

1.2.2 Mögliche Lösung zur Aufgabe Gelochter Zugstab

Das Loch im Zugstab stellt eine Kerbstelle dar. Durch diese Kerbstelle verteilen sich die Spannungen nicht mehr konstant mit dem Niveau σ_{Nenn} über den Querschnitt. Vielmehr tritt eine ungleichmäßige Spannungsverteilung mit der Maximalspannung σ_{max} im Bereich der Kerbe auf. Demzufolge muss für dieses Bauteil unter der hier vorliegenden Last der Spannungsnachweis, d.h. der Nachweis, dass die vorhandenen Spannungen unter den zulässigen Werten liegen, für die Bauteilzone im Bereich der Lochung durchgeführt werden. Entscheidend für die Durchführbarkeit des Nachweises ist, dass Erkenntnisse über die Höhe der auftretenden Maximalspannung vorliegen. Hier haben wir für die vorliegende Situation ein Formzahldiagramm verfügbar.

Bild 1.2-4: Spannungsverteilung am zentrisch gelochten Zugstab [Zammert, S.4]

Gemäß dem Formzahldiagramm lässt sich die Maximalspannung berechnen zu:

$$\sigma_{\text{max}} = \alpha_{\text{kz}} \frac{F_z}{2(a-r)t}$$

Mit dem vorliegenden Verhältnis von Lochradius zu halber Stabbreite von r/a = 10 mm/25 mm = 0,4 ermittelt sich eine Formzahl von α_{kz} = 2,25. Damit liegt als rechnerische Maximalspannung vor:

$$\sigma_{\text{max}} = 2,25 \frac{10\,\text{kN}}{2(25\,\text{mm} - 10\,\text{mm})} = 75\,\text{N/mm}^2$$

Fließen des Werkstoffs findet ab der Streckgrenze R_e statt, die für den vorliegenden Werkstoff (Bild 1.2-2) bei 235 N/mm² liegt. Damit beträgt die vorliegende Sicherheit gegen Fließen am Ort der Maximalspannung:

$$v_{vorh} = \frac{R_e}{\sigma_z} = \frac{235 \text{ N/mm}^2}{75 \text{ N/mm}^2} = 3,1 > v_{min} = 2,0$$

Diese vorhandene Sicherheit ist größer als der geforderte Wert von $v = 2,0$. Damit ist die Forderung erfüllt.

Anmerkung:

Infolge der Kerbwirkung geht die konstante Spannungsverteilung des ungekerbten Stabes in eine nicht mehr konstante Verteilung über. Die nicht mehr konstante Verteilung zeichnet sich durch erhöhte Spannungen an der Kerbstelle aus. Da das Integral der Spannungen über den Querschnitt

$$\int_A \sigma \, dA = F_Z$$

nach wie vor der Zugkraft entspricht (Actio = Reactio), müssen den Zonen erhöhter Spannung Zonen mit abgesenkter Spannung gegenüberstehen. Wie Bild 1.2-4 zu entnehmen ist, treten diese Zonen beim gelochten Zugstab am Rand des Stabes auf. Die dort auftretenden Spannungen liegen unter dem Niveau der ursprünglichen konstanten Spannung. Dieser Effekt so genannter Entlastungskerben kann genutzt werden, um durch die Formgebung von Bauteilen in bestimmten Zonen gezielt eine Entlastung zu erreichen.

Anmerkung:

Bei der Berechnung der Nennspannungen in einem Querschnitt ist stets darauf zu achten, wie diese definiert sind. Üblicherweise bezeichnen Nennspannungen die Spannungen, welche in einem nicht geschwächten bzw. gekerbten Querschnitt auftreten. Jedoch können auch hierzu abweichende Definitionen vorliegen. Dies ist bei dem hier vorliegenden Formzahldiagramm (Bild 1.2-3) der Fall. Als Nennspannung ist hier die Spannung definiert, die sich unter Berücksichtigung des Restquerschnittes nach Einbringung des Lochs ergibt. Hierdurch berechnen sich natürlich Nennspannungen, welche über denen liegen, die sich für den nicht geschwächten Querschnitt ergeben würden. Als Konsequenz weist das Formzahldiagramm hier niedrigere Formzahlwerte aus, als wäre die Definition auf Grundlage des nicht geschwächten Querschnittes vorgenommen worden. Insofern sind Formzahlen keine absoluten Größen, sondern hängen stets von den getroffenen Definitionen ab.

Anmerkung:

Formzahldiagramme weisen in der Regel die maximalen in einem Querschnitt auftretenden Spannungen aus. Gewonnen werden diese Daten durch die rechentechnische oder messtechnische Untersuchung belasteter Bauteile. Eine Möglichkeit ist z.B. eine Berechnung nach der Finiten Elemente Methode. Bild 1.2-5 zeigt zu der behandelten Aufgabe die sich aus einer solchen Analyse ergebende Verteilung der Vergleichsspannung über das gesamte Bauteil. Wie zu erkennen ist, wird die in der Rechnung unter Zugrundelegung der Formzahl ermittelte Maximalspannung von 75,0 N/mm² hier zu 76,2 N/mm² ermittelt. Beide Maximalspannungen treten an der gleichen Örtlichkeit auf. Mit Formzahlen lassen sich lokale Spannungsmaxima sehr gut ermitteln. Ist allerdings die Spannungsverteilung im Bauteil interessant, so müssen weitergehende Untersuchungen angestellt werden.

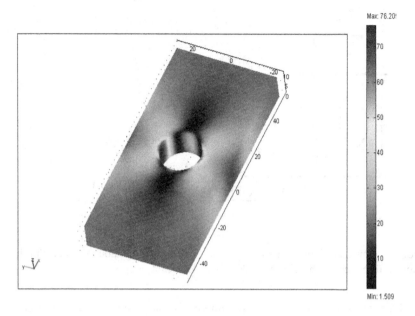

Max: 76.20!

Min: 1.509

Bild 1.2-5:
Vergleichsspan-
nungsverteilung
gemäß FEM-
Analyse

Anmerkung:

In der Aufgabenstellung wird darauf hingewiesen, dass die Zugkraft in einem größeren Abstand von der Lochung eingeleitet wird. Dies ist vor folgendem Hintergrund von Bedeutung. Wird eine Einzelkraft in einen Zugstab eingeleitet, so prägt sich in dem Bauteil in der Nähe der Krafteinleitungsstelle eine nicht konstante Spannungsverteilung aus. Erst in einem gewissen Abstand von der Krafteinleitungsstelle vergleichmäßigt sich die Beanspruchung hin bis zu einer konstanten Zugspannungsverteilung. Diese konstante Spannungsver-teilung ist Grundlage für den in dem Formzahldiagramm betrachteten Kerbfall. Eine Bewertung von Kerb-stellen in der Nähe von Krafteinleitungsstellen ist durch die Anwendung des Formzahldiagramms nicht möglich. Soll in solchen Situationen der Beanspruchungszustand beurteilt werden, so ist eine detailliertere Analyse auf messtechnischer oder berechnungstechnischer Grundlage erforderlich.

1.3 Exzentrisch gelochter Zugstab

1.3.1 Aufgabenstellung Exzentrisch gelochter Zugstab

Der im Bild 1.3-1 gezeigte mittig gelochte Zugstab wird in größerem Abstand von der Lo-chung mit einer statischen Zugkraft belastet.

Bearbeitungspunkte:

Teilaufgabe 1:

Für das Bauteil wird eine Sicherheit gegen Fließen des Werkstoffs von zumindest $v_{min} = 2,5$ gefordert. Ist die Forderung erfüllt?

Teilaufgabe 2:

Weisen Sie nach, dass Sie mit den Formzahldiagrammen für zentrisch und exzentrisch gebohr-te Zugstäbe die gleiche Maximalspannung am Zugstab ermitteln.

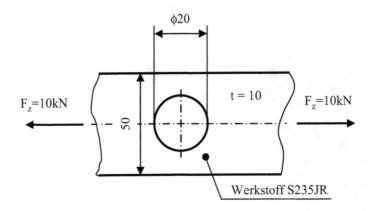

Bild 1.3-1:
Zugstab unter Zugkraft

Teilaufgabe 3:

Wird die Information des Formzahldiagramms für zentrisch gebohrte Zugstäbe komplett durch das Formzahldiagramm für exzentrisch gebohrte Stäbe abgedeckt?

Teilaufgabe 4:

Weshalb fallen die Formzahlkurven für zentrisch gebohrte Zugstäbe mit steigendem Bohrungsdurchmesser ab, wohingegen die Formzahlkurven für exzentrisch gebohrte Zugstäbe ansteigen?

Teilaufgabe 5:

Welche Maximalspannung liegt vor, wenn die Bohrung exzentrisch positioniert ist? Geben Sie den Verlauf für eine Exzentrizität von 0 – 15 mm an? Wann liegt eine Sicherheit gegen Fließen von zumindest $v_{min} = 2,5$ vor?

Teilaufgabe 6:

Weshalb weist das Formzahldiagramm für exzentrisch gelochte Stäbe für steigendes b/a bei konstantem r/a sinkende Formzahlen aus, obwohl die Maximalspannung an einem Zugstab mit steigender Exzentrizität ansteigt?

Zur Lösung der Aufgaben stehen die beiden folgenden Formzahldiagramme für zentrisch und exzentrisch gelochte Zugstäbe zur Verfügung.

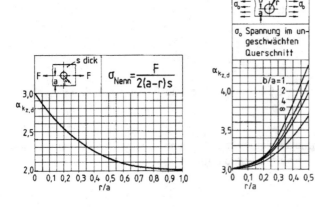

Bild 1.3-2:
Formzahldiagramme für zentrisch bzw. exzentrisch gelochte Zugstäbe
[Zammert, S.158]

Werkstoff Name	Werkstoff Nummer	Bruchdehnung A in %	Bruchfestigkeit R_m in N/mm^2	Streckgrenze R_e in N/mm^2
S185	1.0035	18	310	185
S235JR S235JGG1 S235JRG2 S235JO S235J2G3 S235J2G4	1.0037 1.0036 1.0038 1.0114 1.0116 1.0117	26	360	235
S275JR S275JO S275J2G3 S275J2G4	1.0044 1.0143 1.0144 1.0145	22	430	275
S355JR S355JO S355J2G3 S355J2G4 S355K2G3 S355K2G4	1.0045 1.0553 1.0570 1.0577 1.0595 1.0596	22	510	355

Bild 1.3-3: Werkstoffkennwerte von unlegierten Baustählen, warmgewalzt. nach DIN EN 10025

1.3.2 Mögliche Lösung zur Aufgabe Exzentrisch gelochter Zugstab

Teilaufgabe 1: Sicherheit gegen Fließen

$$\sigma_{\text{vorh max}} = \alpha_k \, \sigma_n$$

$$\alpha_k\left(\frac{r}{a} = \frac{10\,\text{mm}}{25\,\text{mm}} = 0,4\right) = 2,25$$

$$\sigma_n = \frac{F}{2(a-r)s} = \frac{10\,\text{kN}}{2(25-10)\text{mm} \cdot 10\,\text{mm}} = 33,3 \text{ N/mm}^2$$

$$\sigma_{\text{vorh max}} = 2,25 \cdot 33,3 \text{ N/mm}^2 = 75 \text{ N/mm}^2$$

$$\sigma_{\text{zul}} = \frac{R_e}{v} = \frac{235 \text{ N/mm}^2}{2,5} = 94 \text{ N/mm}^2$$

$\sigma_{\text{vorh max}} < \sigma_{\text{zul}} \rightarrow$ Die Forderung nach $v > 2,5$ ist erfüllt.

Teilaufgabe 2: Nachweis mit Formzahldiagramm für exzentrisch gebohrte Zugstäbe

$$\sigma_{\text{vorh max}} = \alpha_k \, \sigma_n$$

$$\alpha_k\left(\frac{r}{a} = \frac{10\,\text{mm}}{25\,\text{mm}} = 0,4 \, ; \, \frac{b}{a} = 1\right) = 3,85$$

$$\sigma_\text{n} = \frac{F}{(a+b)s} = \frac{10\,\text{kN}}{50\,\text{mm} \cdot 10\,\text{mm}} = 20\ \text{N/mm}^2$$

$$\sigma_{\text{vorh max}} = 3{,}85 \cdot 20\ \text{N/mm}^2 = 77\ \text{N/mm}^2 \approx 75\ \text{N/mm}^2$$

Die Differenz der Spannungen resultiert wahrscheinlich aus Unterschieden bei der Ablesung in den Diagrammen. Es ist allerdings auch nicht auszuschließen, dass die Diagramme auf unterschiedlichen Messdaten beruhen und insofern tatsächlich leicht differierende Aussagen enthalten.

Teilaufgabe 3: Redundanz der Diagramme

Prinzipiell deckt die Kurve $b/a = 1$ des Diagramms für exzentrisch gebohrte Zugstäbe das Diagramm für zentrisch gebohrte Stäbe ab. Dies gilt allerdings lediglich für den Bereich $r/a <$ 0,5. Der Bereich $r/a > 0{,}5$ ist nur im Diagramm für zentrisch gebohrte Stäbe dargestellt. Somit liegt keine komplette Abdeckung vor.

Teilaufgabe 4: Steigungen der Kurven

Die unterschiedlichen Steigungen sind durch unterschiedliche Berechnungskonzepte bedingt. Das Diagramm für zentrische Bohrungen legt als Nennspannung den Restquerschnitt zugrunde – das Diagramm für exzentrische Bohrungen legt den Ursprungsquerschnitt zugrunde. Die Formzahlen für die exzentrisch gebohrten Stäbe müssen also den Spannungsanstieg infolge Querschnittsreduktion mit ausdrücken und fallen entsprechend größer aus.

Teilaufgabe 5: Spannung bei Exzentrizität

$$\sigma_{\text{vorh max}} = \alpha_\text{k}\, \sigma_\text{n}$$

$$\sigma_\text{n} = \frac{F}{(a+b)s} = \frac{10\ \text{kN}}{50\,\text{mm} \cdot 10\,\text{mm}} = 20\ \text{N/mm}^2$$

$$\frac{r}{a} = \frac{10\,\text{mm}}{25\,\text{mm} - e} \qquad ; \qquad \frac{b}{a} = \frac{25\,\text{mm} + e}{25\,\text{mm} - e}$$

e	0 mm	1 mm	2 mm	3 mm	4 mm	5 mm
r/a	0,4	0,42	0,43	0,45	0,48	0,50
b/a	1,00	1,08	1,17	1,27	1,38	1,50
α_k	3,85	Schwierig abzulesen!				4,22

Für Exzentrizitäten größer als 5 mm kann α_k nicht bestimmt werden, da das Diagramm den Bereich nicht abdeckt.

$$\sigma_{\text{vorh max}}(e = 5\,\text{mm}) = 4{,}22 \cdot 20\ \text{N/mm}^2 = 84{,}4\ \text{N/mm}^2$$

$$\sigma_{\text{vorh max}}(e = 5\,\text{mm}) < \sigma_{\text{zul}}$$

Bis zu Exzentrizitäten von 5 mm liegt eine Sicherheit von zumindest $v = 2{,}5$ vor. Für größere Exzentrizitäten kann keine Aussage getroffen werden.

Teilaufgabe 6: Sinkende Formzahlen für steigendes b/a

Die Formzahlen fallen, da mit steigendem b/a bei konstantem r/a auch die Bohrung kleiner wird. Bleibt der Bohrungsdurchmesser konstant, so steigt r/a bei zunehmender Exzentrizität an. Damit steigen auch die Werte für α_k bei zunehmender Exzentrizität an.

Anmerkung:

Bei der Anwendung von Formzahldiagrammen ist zu beachten, auf welchen Nennquerschnitt sich die zu berechnenden Nennspannungen beziehen. Hier sind zwei Formzahldiagramme für zentrisch und exzentrisch gelochte Zugstäbe gegeben, die sich in dieser Hinsicht unterscheiden. Als Referenz werden der ungeschwächte Querschnitt bzw. der geschwächte Querschnitt des Bauteils herangezogen. Bei Referenzierung auf den ungeschwächten Querschnitt ist der Querschnittsverlust des Bauteils in den Formfaktor mit eingerechnet.

1.4 Wellenabsatz

1.4.1 Aufgabenstellung Wellenabsatz

Die Bilder 1.4-1 und .4-2 zeigen einen Wellenabsatz, auf den eine Riemenscheibe aufgeschoben ist. Zwischen Welle und Riemenscheibe wird bei einer Drehzahl von $n = 960$ min^{-1} eine Leistung von $P = 60$ kW übertragen. Die Leistungsübertragung erfolgt im häufig unterbrochenen Betrieb in eine Drehrichtung. Zur Berücksichtigung der dynamischen Lasten innerhalb des Antriebsstranges ist ein Betriebsfaktor von $c_B = 1{,}5$ zu berücksichtigen.

Bild 1.4-1:
Über Keilriemen angetriebener Ventilator [Optibelt]

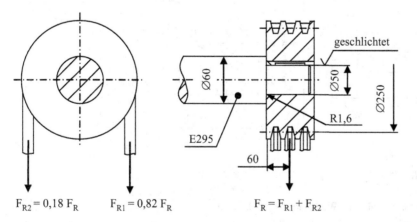

$F_{R2} = 0{,}18\ F_R$ $F_{R1} = 0{,}82\ F_R$ $F_R = F_{R1} + F_{R2}$

Bild 1.4-2:
Wellenabsatz mit
Riemenscheibe

Bearbeitungspunkt: Prüfen Sie, ob der Wellenabsatz dauerfest ausgelegt ist.

Für die Lösung der Aufgabe stehen folgende Informationen zur Verfügung:

Werkstoff Name	Werkstoff Nummer	Bruchdehnung A in %	Bruchfestigkeit R_m in N/mm²	Streckgrenze R_e in N/mm²
S185	1.0035	18	310	185
S235J2G3	1.0116	26	360	235
S275J2G3	1.0144	22	430	275
S355J2G3	1.0570	22	510	355
E295	1.0050	20	490	295

Bild 1.4-3: Werkstoffkennwerte von unlegierten Baustählen, warmgewalzt. nach DIN EN 10025

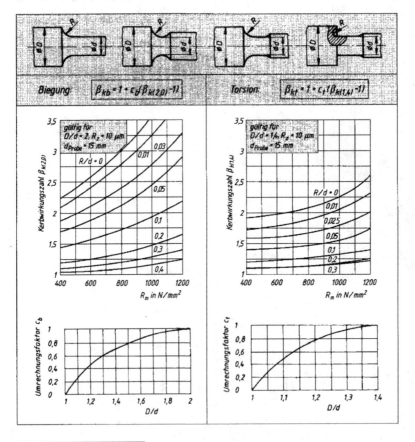

$$\text{Biegung:} \quad \beta_{kb} = 1 + c_b(\beta_{k(2,0)} - 1)$$

$$\text{Torsion:} \quad \beta_{kt} = 1 + c_t(\beta_{kt(1,4)} - 1)$$

Biegung	$\sigma_n = M/(\pi d^3/32)$
Torsion	$\tau_n = T/(\pi d^3/16)$

Bild 1.4-4: Kerbwirkungsfaktoren Wellenabsatz [Muhs, S.46]

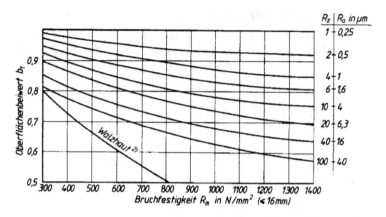

Bild 1.4-5: Oberflächenbeiwert [Matek, S.38]

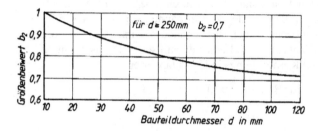

Bild 1.4-6: Größenbeiwert [Matek, S.38]

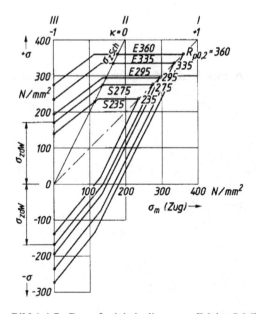

Bild 1.4-7: Dauerfestigkeitsdiagramm [Muhs, S.36]

1.4.2 Mögliche Lösung zur Aufgabe Wellenabsatz

In der Aufgabenstellung sind die Riemenkräfte ausgewiesen, die sich in den Trums im stationären Betrieb ausbilden. Aufgrund der Vorspannung der Riemen stehen beide Trums unter
Zug. Deshalb kommt lediglich die Differenz der Kräfte für den Aufbau des leistungsübertra-
genden Drehmomentes zum Tragen:

$$P = M \cdot \omega = M \cdot 2 \cdot \pi \cdot n = (F_{R1} - F_{R2})\frac{d_R}{2} 2 \cdot \pi \cdot n$$

$$P = 0,64 F_R \frac{d_R}{2} 2 \cdot \pi \cdot n = 0,64 F_R \cdot d_R \cdot \pi \cdot n$$

Damit ergibt sich die gesamt Radialkraft auf die Welle zu:

$$F_R = \frac{P}{0,64 d_R \pi f} = \frac{60\,\text{kW}}{0,64\,250\,\text{mm}\,\pi\,960\,\text{min}^{-1}} = 7464\,\text{N}$$

Als Schnittgrößen liegen in dem Wellenabsatz eine Querkraft, ein Biegemoment und ein Torsionsmoment vor. Durch diese Schnittgrößen werden Schubspannungen aus Querkraft, Normalspannungen aus Biegung und Schubspannungen aus Torsion verursacht. Bei Vorliegen
einer Kerbstelle – wie hier dem Wellenabsatz – und einer dynamischen Beanspruchung sind
diese Spannungen mit dem sogenannten Kerbwirkungsfaktor zu bewerten.

Bestimmung der Kerbwirkungsfaktoren für Biegung und Torsion:

Relativer Kerbradius:

$$\frac{R}{d} = \frac{1,6\,\text{mm}}{50\,\text{mm}} = 0,032$$

Zugfestigkeit des Materials:

$$R_m(S355J2G3) = 510\,\text{N/mm}^2$$

Die auf ein normiertes Durchmesserverhältnis bezogenen Kerbwirkungsfaktoren ergeben sich
damit zu:

$$\beta_{kb}\left(\frac{D}{d} = 2,0\right) = 1,9$$

$$\beta_{kt}\left(\frac{D}{d} = 1,4\right) = 1,55$$

Das real vorliegende Durchmesserverhältnis beträgt:

$$\frac{D}{d} = 1,2$$

Hieraus leiten sich die Umrechnungsfaktoren ab:

$$c_b = 0,45$$

$$c_t = 0,80$$

Und somit betragen die Kerbwirkungsfaktoren in diesem Fall:

$$\beta_{kb} = 1 + c_b \left(\beta_{kb} \left(2,0 \right) - 1 \right) = 1,41$$

$$\beta_{kt} = 1 + c_t \left(\beta_{kt} \left(1,4 \right) - 1 \right) = 1,44$$

Damit liegen nun die Voraussetzungen zur Berechnung der Einzelspannungen vor. Im Einzelnen ergeben sich:

Biegenormalspannung:

$$\sigma_b = c_B \cdot \beta_{kb} \frac{M_b}{W_b} = c_B \cdot \beta_{kb} \frac{F_R \, 60 \, \text{mm}}{\frac{\pi}{32} d^3}$$

$$\sigma_b = 1,5 \cdot 1,41 \frac{7464 \, \text{N} \cdot 60 \, \text{mm}}{\frac{\pi}{32} \left(50 \, \text{mm} \right)^3} = 77,2 \, \text{N/mm}^2$$

Da die Welle permanent rotiert, bildet sich an der Bauteiloberfläche infolge der Biegung eine wechselnde Normalspannung aus. Diese Charakteristik kann durch das Grenzspannungsverhältnis ausgedrückt werden. Das Grenzspannungsverhältnis setzt die minimal auftretende Spannung zu dem maximal auftretenden Wert ins Verhältnis:

$$\kappa \left(\sigma_b \right) = \frac{\sigma_{bu}}{\sigma_{bo}} = -1$$

Torsionsschubspannung:

$$\tau_t = c_B \cdot \beta_{kt} \frac{M_t}{W_t} = c_B \cdot \beta_{kt} \frac{\left(0,82 - 0,18 \right) \cdot F_R \frac{d_R}{2}}{\frac{\pi}{16} d^3}$$

$$\tau_t = 1,5 \cdot 1,44 \frac{\left(0,82 - 0,18 \right) \cdot 7464 \, \text{N} \cdot 125 \, \text{mm}}{\frac{\pi}{16} \left(50 \, \text{mm} \right)^3} = 52,6 \, \text{N/mm}^2$$

Infolge der häufigen Unterbrechung des Betriebes und dem damit verbundenen Abklingen des Torsionsmomentes in der Welle wird hier von einer schwellenden Torsionsbeanspruchung ausgegangen:

$$\kappa \left(\tau_t \right) = \frac{\tau_{tu}}{\tau_{to}} = 0$$

Für Schubspannungen aus Querkraft liegen keine Kerbwirkungsfaktoren vor. Dies liegt daran, dass diese Spannungen in aller Regel nicht von Bedeutung sind (Geringe Höhe der Spannungen; Spannungen in den kritischen Zonen an der Bauteiloberfläche gleich Null). Deshalb werden die Schubspannungen aus Querkraft hier ohne Berücksichtigung einer Kerbwirkung berechnet.

$$\tau_s = c_B \frac{Q}{A} = c_B \frac{F_R}{\frac{\pi}{4} d^2} = 1,5 \frac{7464 \, \text{N}}{\frac{\pi}{4} \left(50 \, \text{mm} \right)^2} = 5,7 \, \text{N/mm}^2$$

Aufgrund der Drehung der Welle haben die Schubspannungen aus Querkraft einen wechselnden Charakter:

$$\kappa\left(\tau_{s}\right) = \frac{\tau_{su}}{\tau_{so}} = -1$$

Bild 1.4-8 zeigt die zeitlichen Verläufe der Einzelspannungen, die aus den oben getroffenen
Annahmen über den Betrieb resultieren:

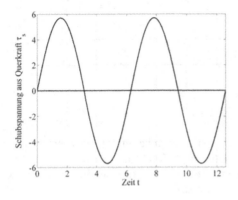

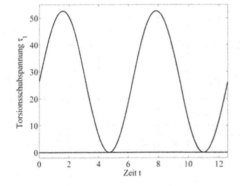

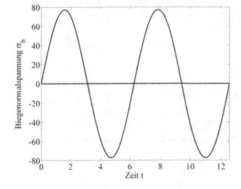

Bild 1.4-8: Zeitliche Verläufe der Einzelspannungen

Sowohl die relativ großen Biegespannungen als auch die relativ großen Torsionsspannungen haben an der Bauteiloberfläche ihren Maximalwert. Die Prüfung auf Dauerfestigkeit wird für diese Bauteiloberfläche vorgenommen. Da die relativ kleinen Schubspannungen aus Querkraft in dieser Zone zu Null werden, müssen diese in der weiteren Rechnung nicht berücksichtigt werden.

Entsprechend der festgelegten Dynamik der Einzelspannungen, beschrieben durch das Grenzspannungsverhältnis κ, können diese auch durch ihre Mittelwerte und Amplituden beschrieben werden:

$$\text{Biegespannung: } \sigma_{bm} = 0 \; ; \; \sigma_{ba} = 77,2 \text{ N/mm}^2$$

$$\text{Torsionsspannung: } \tau_{tm} = 26,3 \text{ N/mm}^2 \; ; \; \tau_{ta} = 26,3 \text{ N/mm}^2$$

Bei Anwendung der Gestaltänderungsenergiehypothese (GEH) ergibt sich damit für den Mittelwert und die Amplitude der Vergleichsspannung:

$$\sigma_{vm} = \sqrt{\sigma_{bm}^2 + 3\tau_{tm}^2} = 45,6 \text{ N/mm}^2$$

$$\sigma_{va} = \sqrt{\sigma_{ba}^2 + 3\tau_{ta}^2} = 89,6 \text{ N/mm}^2$$

Zur Überprüfung der Dauerfestigkeit wird nun ermittelt, welche Spannungsamplitude von dem Bauteil bei der vorhandenen Mittelspannung auf Dauer ertragen werden kann. Die dauerfest ertragbare Amplitude des Werkstoffs beträgt:

$$\sigma_{vazul}\left(\sigma_{vmvorh} = 45,6 \text{ N/mm}^2\right) = 195 \text{ N/mm}^2$$

Diese vom Werkstoff ertragbare Amplitude wird durch die real vorhandene Oberflächenqualität und den Größeneffekt reduziert. Die Gestaltfestigkeit beträgt damit:

Gestaltfestigkeit:

$$\sigma_G = b_1 \cdot b_2 \cdot \sigma_{vazul}$$

Größenfaktor:

$$b_1(50\,\text{mm}) = 0,8$$

Oberflächenfaktor:

$$b_2(R_m = 490 \text{ N/mm}^2, \text{geschlichtet}) = 0,9$$

$$\sigma_G = 0,8 \cdot 0,9 \cdot 195 \text{ N/mm}^2 = 140,4 \text{ N/mm}^2 > \sigma_{va} = 89,6 \text{ N/mm}^2$$

Der Wellenabsatz ist dauerfest ausgelegt.

Anmerkung:
Die Abbildung der Aufgabenstellung (Bild 1.4-2) zeigt keine Lagerung der Welle. Trotzdem können ohne weiteres die Schnittgrößen in dem zu untersuchenden Querschnitt der Welle ermittelt werden, indem die Gleichgewichtsbedingungen nach dem Schneiden an dem rechten Teilsystem aufgestellt werden. Dieses rechte Teilsystem empfiehlt sich auch deshalb für die Analyse, da hier wegen nicht vorliegender Lagerungen auch keine Lagerreaktionen auftreten.

Anmerkung:
Um mehrachsige Spannungszustände mit einachsigen, zulässigen Beanspruchbarkeitswerten vergleichen zu können, wurden so genannte Vergleichsspannungshypothesen entwickelt. Diese Hypothesen rechnen

den mehrachsigen Spannungszustand in einen einachsigen Spannungszustand um. Je nach Werkstoffverhalten kommen verschiedene Hypothesen zum Einsatz. Die hier verwendete Gestaltänderungsenergiehypothese (GEH) ist geeignet, das Versagen duktiler Werkstoffe zu beschreiben. Vielfach auch Verwendung finden die Schubspannungshypothese für duktile Werkstoffe und die Normalspannungshypothese für spröde Werkstoffe.

Anmerkung:

Festigkeitsangaben zu Werkstoffen stellen grundsätzlich statistische Größen dar. Dies bedeutet, dass z.B. jeder dauerfest ertragbaren Spannungsamplitude auch eine Wahrscheinlichkeit zugeordnet ist, mit der die Dauerfestigkeit tatsächlich erreicht wird. Bei Durchführung eines Nachweises ist diese Überlebenswahrscheinlichkeit zu beachten. Insbesondere bei der Auslegung sicherheitskritischer Bauteile müssen Daten herangezogen werden, die auf einer hinreichend hohen Überlebenswahrscheinlichkeit beruhen. Die dann dauerfest ertragbaren Spannungsamplituden fallen entsprechend niedriger aus.

Anmerkung:

Bei der Lösung dieser Aufgabe wird der Spannungsnachweis für die Randfaser der Welle durchgeführt. Dies wird durch die relativ hohen Biege- und Torsionsspannungen in dieser Zone begründet. Diese Konstellation ergibt sich in der Regel bei schlanken Bauteilen mit relativ kleinem Querschnitt. Liege kompakte, gedrungene Bauteile vor, so kann sich die Situation anders darstellen. Infolge kleiner Hebelarme ergeben sich unter Umständen kleine Schnittgrößen und Spannungen hinsichtlich Biegung und Torsion. In diesem Fall können die im Innern eines Bauteils wirkenden Schubspannungen aus Querkräften dominant werden.

1.5 Fahrradpedal

1.5.1 Aufgabenstellung Fahrradpedal

Eine Person mit einer Masse von 70 kg fährt mit einem Fahrrad, das mit abgebildetem Pedal (Bild 1.5-1) ausgerüstet ist. Das Pedal läuft nicht um, sondern ist fest mit dem Fuß verbunden und dreht sich in seiner Lagerung.

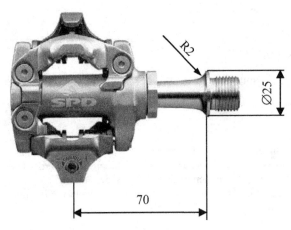

Bild 1.5-1: Fahrradpedal [Shimano]

Abstand Fußmitte – Durchmesserabsatz: 70 mm
Oberflächenqualität im Absatzbereich: $R_a = 4\,\mu$m
Eingesetzt ist ein Werkstoff vergleichbar E295.

Bearbeitungspunkt:

Welche Empfehlungen für Durchmesser, Übergangsradius und Oberflächenqualität im Bereich des Durchmesserabsatzes geben Sie einem Amateurfahrer (Fußkraft 300 N) und einem professionellem Fahrer (Fußkraft 700 N) bei dauerfester Auslegung? Inwieweit verändert sich die Betrachtung, wenn der Durchmesserabsatz zur Gewindeseite hin betrachtet wird?

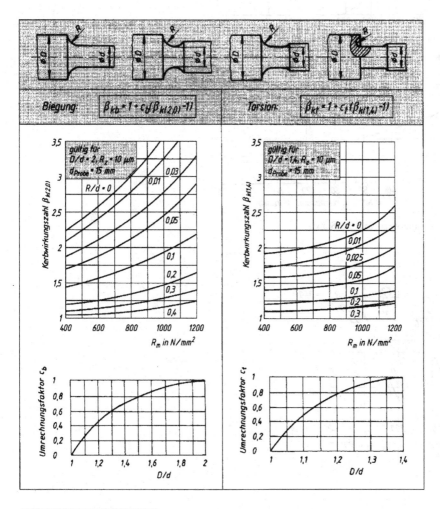

Bild 1.5-2: Kerbwirkungsfaktoren Wellenabsatz [Muhs, S.46]

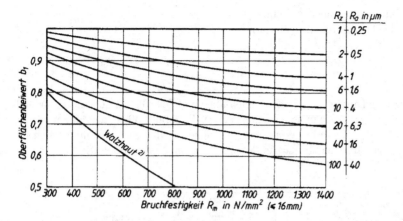

Bild 1.5-3: Oberflächenbeiwert [Matek, S.38]

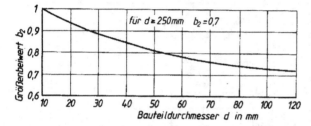

Bild 1.5-4: Größenbeiwert [Matek, S.38]

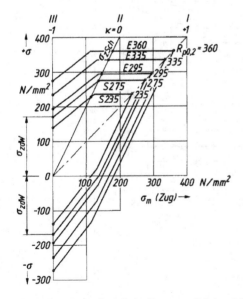

Bild 1.5-5: Dauerfestigkeitsdiagramm [Muhs, S.36]

1.5.2 Mögliche Lösung zur Aufgabe Fahrradpedal

Der Unterschied zwischen einem professionellem Fahrer und einem Amateur soll darin bestehen, dass der Profi das Pedal auf 180° Weg nach unten drückt und die weiteren 180° das Pedal nach oben zieht, Der Amateur hingegen drückt das Pedal lediglich über 180°. Die Konsequenz aus diesem Fahrverhalten ist, dass der Amateur eine schwellende Biegung ($\kappa = 0$) und der Profi eine wechselnde Biegung ($\kappa = -1$) in dem Pedal verursacht.

$R_a = 4\ \mu m$, $R_m = 490\ N/mm^2$: Oberflächenfaktor $b_1 = 0,87$

Um den Größeneinfluss berücksichtigen zu können, muss zunächst für den Durchmesser eine Annahme getroffen werden:

$d = 20mm$: Größenfaktor $b_2 = 0,93$

Gestaltfestigkeit des Pedals für …

… einen Amateur:

$$\sigma_G\ (\kappa = 0) = b_1 \cdot b_2 \cdot \sigma_D\ (\kappa = 0) = 0,87 \cdot 0,93 \cdot 295\ \text{N/mm}^2 = 238\ \text{N/mm}^2$$

… einen Profi:

$$\sigma_G\ (\kappa = -1) = b_1 \cdot b_2 \cdot \sigma_D\ (\kappa = -1) = 0,87 \cdot 0,93 \cdot 195\ \text{N/mm}^2 = 157\ \text{N/mm}^2$$

Kerbwirkungsfaktor:

$$\frac{D}{d} = \frac{25\,\text{mm}}{20\,\text{mm}} = 1,25 \quad ; \quad \frac{R}{d} = \frac{2\,\text{mm}}{20\,\text{mm}} = 0,1 \quad ; \quad \beta_{kb} = 1 + 0,55(1,5 - 1) = 1,28$$

Amateur:

$$\sigma_G\ (\kappa = 0) > \sigma_V\ (\kappa = 0)$$

$$d > \sqrt[3]{\frac{1,28 \cdot 300\ \text{N} \cdot 70\,\text{mm}}{\dfrac{\pi}{32}238\ \text{N/mm}^2}} = 10,5\,\text{mm}$$

Ein deutlich kleinerer Durchmesser als die angesetzten 20 mm ist denkbar. Es ist eine Iterationsrechnung erforderlich, da der Kerbwirkungsfaktor und der Größenfaktor auf diesen Durchmesser abgestimmt werden müssen.

Profi:

$$\sigma_G\ (\kappa = -1) > \sigma_V\ (\kappa = -1)$$

$$d > \sqrt[3]{\frac{1,28 \cdot 700\ \text{N} \cdot 70\,\text{mm}}{\dfrac{\pi}{32}157\ \text{N/mm}^2}} = 16,0\,\text{mm}$$

Auch für den Profi ist ein Durchmesser kleiner als 20 mm ggf. noch geeignet. Hier ist ebenfalls eine Iterationsrechnung durchzuführen.

Iterationsschritt 1:

Amateur:

$$\frac{D}{d} = \frac{25\,\text{mm}}{11\,\text{mm}} = 2,3 \quad ; \quad \frac{R}{d} = \frac{2\,\text{mm}}{11\,\text{mm}} = 0,18 \quad ; \quad \beta_{kb} = 1 + 1,0 \cdot (1,3 - 1) = 1,3$$

$$\sigma_G \left(\kappa = 0 \right) = b_1 \cdot b_2 \cdot \sigma_D \left(\kappa = 0 \right) = 0,87 \cdot 0,99 \cdot 295 \ \text{N/mm}^2 = 254 \ \text{N/mm}^2$$

$$d > \sqrt[3]{\frac{1,3 \cdot 300 \ \text{N} \cdot 70 \ \text{mm}}{\dfrac{\pi}{32} 254 \ \text{N/mm}^2}} = 10,3 \ \text{mm}$$

Profi:

$$\frac{D}{d} = \frac{25 \ \text{mm}}{16 \ \text{mm}} = 1,6 \quad ; \quad \frac{R}{d} = \frac{2 \ \text{mm}}{16 \ \text{mm}} = 0,13 \quad ; \quad \beta_{\text{kb}} = 1 + 0,85 \cdot \left(1,4 - 1 \right) = 1,29$$

$$\sigma_G \left(\kappa = -1 \right) = b_1 \cdot b_2 \cdot \sigma_D \left(\kappa = -1 \right) = 0,87 \cdot 0,99 \cdot 195 \ \text{N/mm}^2 = 167 \ \text{N/mm}^2$$

$$d > \sqrt[3]{\frac{1,29 \cdot 700 \ \text{N} \cdot 70 \ \text{mm}}{\dfrac{\pi}{32} 167 \ \text{N/mm}^2}} = 15,7 \ \text{mm}$$

Da der Größenfaktor stärker ansteigt als der Kerbwirkungsfaktor, ergibt sich in der Iteration die Tendenz zu eher noch kleiner werdenden Querschnitten. Praktisch sind mit dieser Iteration die erforderlichen Querschnitte bestimmt, da in einem weiteren Schritt aufgrund praktisch unveränderter Eingangsgrößen nicht mit einer Verschiebung der Ergebnisse zu rechnen ist.

Anmerkung:
An diesem Beispiel ist deutlich zu erkennen, dass ausgehend von einer statischen Last über eine schwellende Last bis hin zu einer wechselnden Last die von einem Bauteil ertragbaren Spannungsamplituden abnehmen. Soll das Ausfallrisiko bei dynamisch beanspruchten Bauteilen gesenkt werden, so besteht eine Option darin, durch Veränderung des konstruktiven Prinzips die Bauteile „weniger dynamisch" zu beanspruchen. Ein Beispiel hierfür ist die Umwandlung einer sich drehenden Achse in eine ruhende Achse. Hinsichtlich der Biegung bedeutet dies bei raumfesten Lasten den Übergang von einer wechselnden zu einer statischen Beanspruchung.

Anmerkung:
Die Berechnung des Wellendurchmessers auf Grundlage einer vorliegenden Werkstoffbeanspruchbarkeit stellt sich in dieser Rechnung einfach dar. Die Berechnung gelingt unter anderem deswegen einfach, da hier nur eine Beanspruchungsart, nämlich die Biegung, zur Berücksichtigung kommt. Sobald mehrere Beanspruchungen berücksichtigt werden und mittels einer Vergleichsspannungshypothese überlagert werden, ist die Auflösung des Gleichungssystems nach dem unbekannten Bauteildurchmesser nicht mehr einfach möglich. In diesem Fall bieten sich zwei Möglichkeiten: Zum einen können zunächst vernachlässigbare Spannungsanteile identifiziert werden und die Vorauslegung wird wieder nur auf Grundlage einer Beanspruchungsart vorgenommen. In diesem Fall ist nach der Vordimensionierung für den gewählten Querschnitt ein Spannungsnachweis unter Berücksichtigung aller Einflüsse durchzuführen. Alternativ kann das gesamte Gleichungssystem herangezogen werden und unter Anwendung von numerischen Verfahren gelöst werden

Wird der rechtsseitige Absatz betrachtet, so treten dort infolge der Schraubenvorspannung statische Zugspannungen auf. Diese haben in dem Spannungsnachweis Berücksichtigung zu finden. Im Ergebnis wird diese Berücksichtigung zu einem mehr oder weniger größeren Durchmesser führen als auf der linken Absatzseite.

1.6 Kranlaufkatze

1.6.1 Aufgabenstellung Kranlaufkatze

In dieser Aufgabe geht es um einen Brückenkran, konkret einen Hängekran, Diese Krantype verfährt hängend an Laufbahnen. Im Bild 1.6-1 dargestellt ist ein an zwei Bahnen hängender Kran.

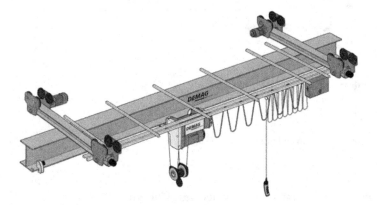

Bild 1.6-1:
Brückenkran [Demag]

Eine konkrete Anwendung solcher Anlagen ist in Bild 1.6-2 gezeigt. Hier finden Hängekrane in einem Hangar Verwendung in der Reinigung, Inspektion, Wartung und Instandhaltung von Flugzeugen. Statt einem einfachen Hubwerk (siehe Bild 1.6-1) trägt die so genannte Katze hier eine an einer Teleskopsäule aufgehängte Arbeitsbühne. Auf der Arbeitsbühne können sich Personen bewegen, was zu speziellen Anforderungen an die sicherheitstechnische Ausrüstung der Anlage führt.

Bild 1.6-2:
Hängekrane in einem Hangar [Demag]

Hier wird ein an drei Bahnen hängender Kran betrachtet (Bild 1.6-3). Der 10 m lange Kran wir von drei Bahnen in einem Abstand von jeweils 5 m getragen. Auf dem Kranträger befinden sich zwei so genannte Katzen, mit denen am Haken Lasten aufgenommen werden können. Die Katzen können inkl. Last als zwei Einzellasten der Größe 500 kg · g auf den Träger abgebildet werden, die sich zwei bzw. sechs Meter von der linken Seite entfernt befinden. Der Kranträger ist aus einem Baustahl ($E = 2,1 \cdot 10^5$ N/mm^2) gefertigt und verfügt über ein Flächenmoment zweiten Grades um die horizontale Hauptachse von $I = 2 \cdot 10^9$ mm^4.

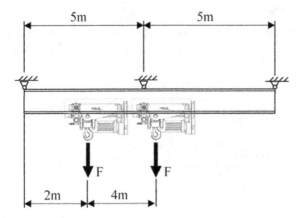

Bild 1.6-3: Brückenkran mit zwei Unterflanschkatzen

Bearbeitungspunkt:

Berechnen Sie die Kräfte in den drei Aufhängungspunkten des Hängekrans.

1.6.2 Mögliche Lösung zur Aufgabe Kranlaufkatze

Bei dem System handelt es sich um ein statisch unbestimmtes System. D.h. es liegen mehr Lagerreaktionen vor, als durch Ansetzen der Gleichgewichtsbedingungen berechnet werden können. Der Kranträger verfügt bei Betrachtung als ebenes System über drei Freiheitsgrade. Infolge der vier Lagerreaktionen an den drei Lagerstellen (zwei einwertige Lager, ein zweiwertiges Lager) liegt ein einfach statisch unbestimmtes System vor.

Zum Erhalt eines (lösbaren) statisch bestimmten Hauptsystems wird das Lager in der Mitte des Tragrahmens entfernt. Damit erhalten wir einen Balken auf zwei Stützen, belastet durch zwei Einzellasten.

Lagerreaktionen aus den Momentengleichgewichten um die Lagerstellen:

$$F_{Ay} = \frac{1}{10\,\text{m}}(F \cdot 8\,\text{m} + F \cdot 4\,\text{m}) = 1,2\,F = 1,2 \cdot 500\,\text{kg} \cdot 9,18\,\text{m}/s^2 = 5886\,\text{N}$$

$$F_{By} = \frac{1}{10\,\text{m}}(F \cdot 6\,\text{m} + F \cdot 2\,\text{m}) = 0,8F = 0,8 \cdot 500\,\text{kg} \cdot 9,18\,\text{m}/s^2 = 3924\,\text{N}$$

Kontrolle über das Kräftegleichgewicht in vertikaler Richtung:

$$\sum F_y = 0 = F_{Ay} + F_{By} - 2F = 1,2F + 0,8F - 2F = 0 \;\; ; \text{in Ordnung!}$$

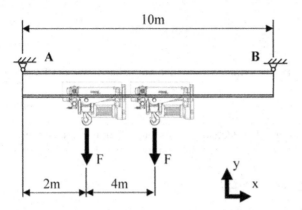

Bild 1.6-4: Statisch bestimmtes Hauptsystem

Nun ist die kinematische Größe an der Stelle zu bestimmen, an welcher wir die Lagerbedingung entfernt haben, um das statisch bestimmte Hauptsystem zu erhalten. Dies ist hier die Durchbiegung in vertikaler Richtung in der Mitte der Tragkonstruktion. Die Durchbiegung kann berechnet werden als Überlagerung der beiden Durchbiegungen infolge der beiden Einzellasten:

$$f = f_1 + f_2 = \frac{Fa^2b}{6EI}\left\{\left(1+\frac{l}{a}\right)\frac{l-x}{l} - \frac{(l-x)^3}{abl}\right\} + \frac{Fab^2}{6EI}\left\{\left(1+\frac{l}{b}\right)\frac{x}{l} - \frac{x^3}{abl}\right\}$$

$$f = \frac{500\,\text{kg} \cdot 9{,}81\,\text{m/s}^2}{6 \cdot 2{,}1 \cdot 10^5\,\text{N/mm}^2 \cdot 2 \cdot 10^9\,\text{mm}^4} \cdots$$

$$\cdots\left[(2\,\text{m})^2\,8\,\text{m}\left\{\left(1+\frac{10\,\text{m}}{2\,\text{m}}\right)\frac{10\,\text{m}-5\,\text{m}}{10\,\text{m}} - \frac{(10\,\text{m}-5\,\text{m})^3}{2\,\text{m}\,8\,\text{m}\,10\,\text{m}}\right\} + 6\,\text{m}\,(4\,\text{m})^3\left\{\left(1+\frac{10\,\text{m}}{4\,\text{m}}\right)\frac{5\,\text{m}}{10\,\text{m}} - \frac{(5\,\text{m})^3}{6\,\text{m}\,4\,\text{m}\,10\,\text{m}}\right\}\right]$$

$$f = 0{,}37\,\text{mm}$$

Im Sinne des hier gewählten Koordinatensystems sind dies: $f = -0{,}37\,\text{mm}$

Die Lagerkraft in der Mitte der Lagerkonstruktion berechnet sich nun aus der Bedingung, dass die Durchbiegung dort Null sein muss. Also muss die Lagerkraft nun die Durchbiegung aus dem statisch bestimmten Hauptsystem exakt kompensieren. Für den in der Mitte durch eine Einzellast belasteten Balken auf zwei Stützen gilt:

$$f = \frac{Fl^3}{48EI}$$

Also muss hier gelten:

$$f = 0{,}37\,\text{mm} = \frac{Fl^3}{48EI}$$

$$F = \frac{0{,}37\,\text{mm} \cdot 48EI}{l^3}$$

$$F = \frac{0,37\,\text{mm} \cdot 48 \cdot 2,1 \cdot 10^5 \ \text{N/mm}^2 \cdot 2 \cdot 10^9 \ \text{mm}^4}{(10\,\text{m})^3} = 7459 \ \text{N}$$

Hieraus resultieren in den Lagern A und B aus Symmetriegründen einfacher weise die Lager-reaktionen:

$$F_{\text{Ay}} = F_{\text{By}} = -3729 \ \text{N}$$

Durch Superposition der Lagerreaktionen aus dem statisch bestimmten Hauptsystem und aus dem System der statisch unbestimmten Größe lassen sich die resultierenden Lagerreaktionen ermitteln:

$$F_{\text{Ay}} = 5886 \ \text{N} - 3729,6 \ \text{N} = 2156,4 \ \text{N} = 0,44\,F$$

$$F_{\text{By}} = 39245 \ \text{N} - 3729,6 \ \text{N} = 194,4 \ \text{N} = 0,04\,F$$

$$F_{\text{Mitte}} = 7459,2 \ \text{N} = 1,52\,F$$

$$\sum F_{\text{y}} = 0 = F_{\text{Ay}} + F_{\text{By}} + F_{\text{Mitte}} - 2F = 0,44\,F + 0,04\,F + 1,52\,F - 2F = 0 \ ; \text{i.O.!}$$

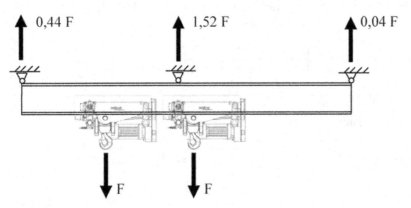

Bild 1.6-5: Lagerreaktionen an den Aufhängungspunkten

Anmerkung:

Mit dem hier dargestellten Prinzip lassen sich Systeme mit beliebig hochgradiger statischer Unbestimmt-heit lösen. Zum Erhalt eines statisch bestimmten Systems wurde hier ein translatorisches Lager durch die auf das System wirkende Kraft ersetzt. Genauso können auch rotatorische Lager durch die infolge der Lagerung einwirkenden Drehmomente ersetzt werden.

Anmerkung:

Die dargestellte Aufgabe ist für ein statisch unbestimmtes System relativ einfach zu handhaben. Es han-delt sich um ein ebenes Problem und es gibt lediglich eine statisch unbestimmte Größe. Aufwändigere Systeme sind von Rechnung per Hand entsprechend schwieriger zu lösen. Sinnvoll ist dann der Einsatz entsprechender Software, die selbst kompliziertere Aufgaben einer Lösung zugänglich macht. In den folgenden drei Bildern 1.6-6 bis 1.6-8 sind beispielhaft die Biegelinien des statisch bestimmten Hauptsys-tems, des zu überlagernden Systems und des Gesamtsystems dargestellt, wie sie von einem solchen Pro-gramm ermittelt werden.

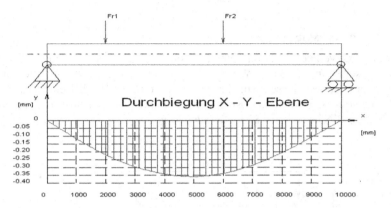

Bild 1.6-6: Durchbiegung des statisch bestimmten Hauptsystems

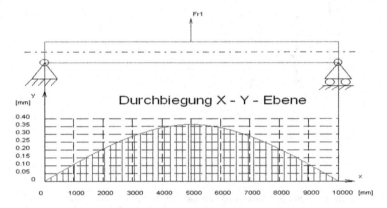

Bild 1.6-7: Durchbiegung des zu überlagernden Systems

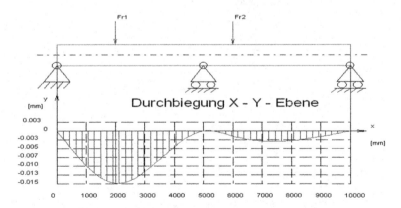

Bild 1.6-8: Durchbiegung des Gesamtsystems

1.7 Konsole

1.7.1 Aufgabenstellung Konsole

Es liegt die dargestellte Schweißkonstruktion einer Konsole vor. Die konische Konsole mit Doppel-T-Profil ist linksseitig an eine starre Wand angeschlossen. An der rechten Seite wird das Profil durch eine Platte abgeschlossen, auf die eine Last von $F = 100$ kN einwirkt. Zur Berücksichtigung der nicht exakt bekannten Last ist diese mit einem Betriebsfaktor c_B zu bewerten. Alle verschweißten Bleche sind aus S235JRG2 gefertigt.

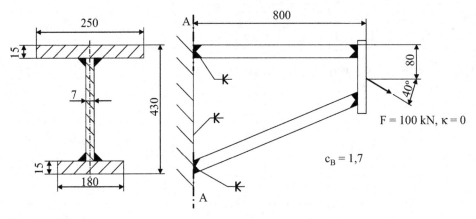

Bild 1.7-1: Konsole

Bearbeitungspunkte:

Teilaufgabe 1:

Welche Schnittgrößen treten im Querschnitt A-A zwischen Konsole und Wand auf? Liegt Torsion im Querschnitt A-A vor? Begründen Sie Ihre Einschätzung zum Vorliegen von Torsion.

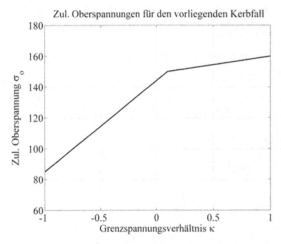

Bild 1.7-2: Zulässige Oberspannung abhängig vom Grenzspannungsverhältnis

Teilaufgabe 2:

Bestimmen Sie die Schnittgrößen im Querschnitt A-A unter der Annahme, dass die Nahtquerschnitte den Blechquerschnitten entsprechen.

Teilaufgabe 3:

Überprüfen Sie die Zulässigkeit der dynamischen Beanspruchung im Querschnitt A-A. Für den vorliegenden Kerbfall kann das in Bild 1.7-2 dargestellte Dauerfestigkeitsdiagramm für den zulässigen Oberwert der Vergleichsnennspannung in der Schweißnaht zugrunde gelegt werden.

1.7.2 Mögliche Lösung zur Aufgabe Konsole

Teilaufgabe 1:

Es liegen definitiv Zug, Schub aus Querkraft und Biegung vor. Ob Torsion vorliegt, kann aufgrund der angegebenen Daten nicht gesagt werden. Praktisch müsste dieser Punkt nun hinterfragt werden und entsprechend in die Rechnung einfließen. Greift die Last in der Profilmitte an, so liegt keine Torsion vor. Hiermit wäre bei einer guten Konstruktion zu rechnen. Liegt die Last außerhalb der Profilmitte, ist Torsion die Folge. Dies wäre in diesem Fall bedenklich, da der vorliegende offene Querschnitt kaum in der Lage ist, Torsionslasten sinnvoll aufzunehmen. Hier soll davon ausgegangen werden, dass der Konstrukteur für das offene Doppel-T-Profil einen mittigen Lastangriff vorgesehen hat. Somit liegt keine Torsion vor.

Teilaufgabe 2:

Aufteilung der Kraft F in Horizontal- und Vertikalkomponente:

$$F_H = F \cos\alpha = 100 \text{ kN} \cos 40° = 76,6 \text{ kN}$$

$$F_V = F \sin\alpha = 100 \text{ kN} \sin 40° = 64,3 \text{ kN}$$

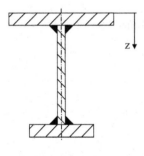

Zur Bestimmung der Schnittgrößen ist zunächst die Schwerpunktslage des Anschlussquerschnittes an die Wand zu ermitteln. Die vertikale Koordinate z habe ihren Ursprung am oberen Rand des Querschnittes und zeige in ihrer positiven Richtung nach unten. Dann befindet sich der Schwerpunkt in folgender Lage auf der z-Achse:

$$z_s = \frac{\sum z_i A_i}{\sum A_i} = \frac{15\,250 \cdot 7,5 + 7\,400 \cdot 215 + 15\,180 \cdot 422,5}{15\,250 + 7\,400 + 15\,180} \text{ mm} = 191 \text{ mm}$$

Bild 1.7-3: z-Koordinate

Damit ergeben sich folgende durch die Einzelkräfte hervorgerufene Schnittgrößen:

Horizontaler Kraftanteil F_H: $N = 76,6 \text{ kN}$

$M = 76,6 \text{ kN} (191 \text{ mm} - 80 \text{ mm}) = 8502 \text{ kN mm}$

Vertikaler Kraftanteil F_V: $Q = 64,3 \text{ kN}$

$M = 64,3 \text{ kN} \cdot 800 \text{ mm} = 51440 \text{ kN mm}$

Durch die Überlagerung insbesondere der Biegemomente ergeben sich für den Querschnitt A-A folgende Schnittgrößen:

Normalkraft N = 76,6 kN, Querkraft Q = 64,3 kN, Biegemoment M = 59942 kN mm

Anmerkung:

Besonderes Augenmerk ist bei dieser Aufgabe auf die Ermittlung der Schnittgrößen zu richten. Durch den konischen Querschnittsverlauf weist die Konsole keine horizontal verlaufende neutrale Faser auf. Die Kraft F hat mit ihrer horizontalen Komponente keinen sofort erkennbaren Abstand zum Schwerpunkt des nachzuweisenden Querschnittes. Erst die Nachrechnung ergibt stichhaltig, dass die Kraft F mit ihrer horizontalen Komponente oberhalb des Schwerpunktes des nachzuweisenden Querschnittes liegt und damit auch einen Beitrag zum Biegemoment in diesem Querschnitt leistet.

Teilaufgabe 3:

Hier wird eine Überprüfung der auf Zug beanspruchten Zone vorgenommen. In dieser Zone werden betragsmäßig die größten Spannungen vermutet. Darüber hinaus ist unter Zugspannungen schneller ein Versagen des Werkstoffs zu erwarten.

Zunächst sind die Querschnittskenndaten, hier die Querschnittsfläche und das Flächenmoment zweiten Grades, zu bestimmen.

$$A = \left(250 \cdot 15 + 400 \cdot 7 + 180 \cdot 15\right) \text{mm}^2 = 9250\,\text{mm}^2$$

$$I = \sum \frac{1}{12} b_i h_i^3 + z_i^2 A_i$$

$$I = \frac{1}{12}\left(250 \cdot 15^3 + 7 \cdot 400^3 + 180 \cdot 15^3\right)\text{mm}^4 + \dots$$

$$\dots + 15 \cdot 250 \cdot 183{,}5^2\,\text{mm}^4 + 7 \cdot 400 \cdot 24^2\,\text{mm}^4 + 15 \cdot 180 \cdot 231{,}5^2\,\text{mm}^4$$

$$I = 3.1 \cdot 10^8\,\text{mm}^4$$

Hieraus ergeben sich unter Berücksichtigung des Betriebsfaktors die Einzelspannungen:

$$\sigma_{\text{wz}} = c_\text{B}\frac{N}{A} = 1{,}7\frac{76{,}6\,\text{kN}}{9250\,\text{mm}^2} = 14{,}1\,\text{N/mm}^2$$

$$\tau_{\text{ws}} = c_\text{B}\frac{Q}{A} = 1{,}7\frac{64{,}3\,\text{kN}}{9250\,\text{mm}^2} = 11{,}9\,\text{N/mm}^2$$

$$\sigma_{\text{wb}} = c_\text{B}\frac{M\,z}{I} = 1{,}7\frac{59942\,\text{kN mm}\,191\,\text{mm}}{3{,}1\cdot 10^8\,\text{mm}^4} = 62{,}7\,\text{N/mm}^2$$

Der ermittelte Wert für die Schubspannung aus Querkraft stellt lediglich einen mittleren Wert dar. Die Schubspannung aus Querkraft wird in der äußersten Zugfaser tatsächlich zu Null. Somit sind in der Zugfaser lediglich Normalspannungen zu berücksichtigen, die direkt addiert werden können:

$$\sigma_{\text{w}} = 76{,}8\,\text{N/mm}^2, \kappa = 0$$

Da in der Nachweiszone lediglich eine Normalspannung vorliegt, entspricht diese gleichzeitig der Vergleichsspannung:

$$\sigma_{\mathrm{wv}} = \frac{1}{2}(\sigma_{\mathrm{w}} + \sqrt{\sigma_{\mathrm{w}}^2 + 4\,\tau_{\mathrm{w}}^2}) = \sigma_{\mathrm{w}} = 76{,}8 \ \mathrm{N/mm^2}$$

Unter Berücksichtigung der schwellenden Beanspruchungscharakteristik ergibt sich aus dem Dauerfestigkeitsdiagramm in Bild 1.7-2 die zulässige Oberspannung.

$$\kappa = 0: \quad \sigma_{\mathrm{wv\,zul}} = 145 \ \mathrm{N/mm^2} \gg \sigma_{\mathrm{wv}} = 76{,}8 \ \mathrm{N/mm^2}$$

Das Bauteil ist in Bezug auf die Zugzone der Schweißnaht dauerfest ausgelegt.

Anmerkung:

Zu Beginn eines Festigkeitsnachweises ist immer die Frage zustellen, für welchen Querschnitt des Bauteils und für welche Zone in diesem Querschnitt der Nachweis erfolgen soll. Tendenziell sind immer die Zonen zu betrachten, in denen die Beanspruchung hoch und die Beanspruchbarkeit niedrig ausfallen. Wird ein homogener, isotroper Werkstoff unterstellt, so sind also die Zonen höchster Beanspruchung von Interesse. Es gilt also abzuschätzen bzw. zu errechnen, in welchen Zonen sich aufgrund der vorliegenden Schnittgrößen, Querschnittskennwerte und Kerbwirkungen die maximalen Beanspruchungen ergeben.

In der vorliegenden Aufgabe wird schon durch die Aufgabe unterstellt, dass der Querschnitt A-A kritisch ist. In diesem Querschnitt ergeben sich die Biegespannungen als dominant. Die betragsmäßig größte Biegespannung liegt durch den großen Randfaserabstand in der Biegedruckzone vor. Allerdings wird durch die überlagerte Zugspannung die Biegedruckspannung gemindert und die Biegezugspannung erhöht. Im Ergebnis liegt die betragsmäßig größte Spannung in der Biegezugzone vor. Deshalb wird hier die Biegezugzone als kritisch erachtet und für diese der Nachweis durchgeführt

1.8 Konsole mit modifizierter Last

1.8.1 Aufgabenstellung Konsole mit modifizierter Last

Es liegt die – bereits aus Aufgabe 1.7 bekannte – dargestellte Schweißkonstruktion einer Konsole vor. Gegenüber der vorherigen Aufgabe ist die Last auf die Konsole verändert – Kraftangriffspunkt, Wirkungsrichtung und dynamischer Charakter haben neue Eigenschaften. Alle verschweißten Bleche sind aus S235JRG2 gefertigt.

Bearbeitungspunkte:

Teilaufgabe 1:

Worin liegt der entscheidende Unterschied im Festigkeitsnachweis zu der bereits berechneten Konsole, welche mit einem Grenzspannungsverhältnis von $\kappa = 0$ belastet wird?

Teilaufgabe 2:

Welche Bedeutung hat die gegenüber der bereits berechneten Konsole umgekehrte Wirkungsrichtung der von außen angreifenden Kraft?

Teilaufgabe 3:

Ist die Konsole für die vorliegende Belastung dauerfest ausgelegt?

Teilaufgabe 4:

Zeigen Sie die Verwandtschaft zwischen dem beiliegendem Diagramm für zulässige Oberwerte der Vergleichsnennspannung (Bild 1.8-2) und einem Dauerfestigkeitsdiagramm nach Smith im Allgemeinen auf.

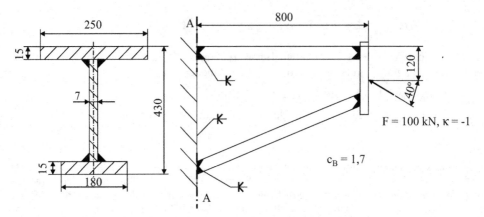

Bild 1.8-1: Konsole

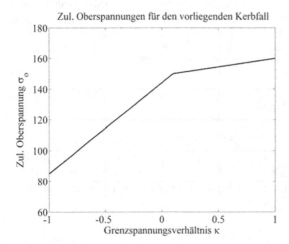

Bild 1.8-2: Zulässige Oberspannung in Abhängigkeit vom Grenzspannungsverhältnis

1.8.2 Mögliche Lösung zur Aufgabe Konsole mit modifizierter Last

Teilaufgabe 1: Unterschiede zur Aufgabe Konsole

Der entscheidende Unterschied liegt im unterschiedlichen Grenzlastverhältnis. Dies schlägt sich in einem ebenfalls veränderten Grenzspannungsverhältnis nieder. Hierdurch können modifizierte Spannungen im Bauteil zugelassen werden. Infolge der zu erwartenden wechselnden Beanspruchung werden die ertragbaren Oberspannungen hier niedriger ausfallen. Zusätzlich treten im Vergleich zur bereits berechneten Konsole leicht unterschiedliche Spannungen dadurch auf, dass der Kraftangriffspunkt hier um 40 mm niedriger liegt, als in der ursprünglichen Berechnung.

Teilaufgabe 2: Einfluss Kraftwirkungsrichtung

Die umgekehrte Kraftwirkungsrichtung hat faktisch keinerlei Einfluss. Da es sich hier um eine wechselnde Last handelt, ändert sich die Wirkungsrichtung permanent. Insofern wird durch die zu Beginn vorliegende Wirkungsrichtung lediglich die Phasenlage der Last verändert. Diese hat für die Auslegung hier keine wesentliche Bedeutung.

Teilaufgabe 3: Dauerfestigkeitsnachweis

Aufteilung der Kraft F in Horizontal- und Vertikalkomponente:

$$F_H = F \cos\alpha = 100 \text{ kN} \cos 40° = 76{,}6 \text{ kN}$$

$$F_V = F \sin\alpha = 100 \text{ kN} \sin 40° = 64{,}3 \text{ kN}$$

Aus der Aufgabe Konsole sind die Kennwerte des Querschnitts bekannt:

Lage des Schwerpunkts: $\qquad\qquad z_s = 191 \text{ mm}$

Querschnittsfläche: $\qquad\qquad A = 9250 \text{ mm}^2$

Flächenmoment zweiten Grades: $\qquad I = 3{.}1 \cdot 10^8 \text{ mm}^4$

Damit betragen die durch die Einzelkräfte hervorgerufene Schnittgrößen:

Horizontaler Kraftanteil F_H: $\qquad N = -76{,}6 \text{ kN}$

$\qquad\qquad\qquad\qquad\qquad\qquad M = 76{,}6 \text{ kN} (191 \text{ mm} - 120 \text{ mm}) = 5439 \text{ kN mm}$

Vertikaler Kraftanteil F_V: $\qquad Q = -64{,}3 \text{ kN}$

$\qquad\qquad\qquad\qquad\qquad\qquad M = 64{,}3 \text{ kN} \, 800 \text{ mm} = 51440 \text{ kN mm}$

Durch die Überlagerung ergeben sich die Schnittgrößen für den Querschnitt A-A:

Normalkraft $N = -76{,}6 \text{ kN}$, Querkraft $Q = -64{,}3 \text{ kN}$, Biegemoment $M = 56879 \text{ kN mm}$

Dreht sich die Wirkungsrichtung der Kraft um, so drehen sich die Vorzeichen der Schnittgrößen um.

Wirkung in positive Richtung, $F = 100 \text{ kN}$:

Spannungen in der oberen Randfaser:

$$\sigma_{wz} = c_B \frac{N}{A} = 1{,}7 \frac{-76{,}6 \text{ kN}}{9250 \text{ mm}^2} = -14{,}1 \text{ N/mm}^2$$

$$\sigma_{wb} = c_B \frac{M z}{I} = 1{,}7 \frac{56879 \text{ kN mm} (-191 \text{ mm})}{3{,}1 \cdot 10^8 \text{ mm}^4} = -59{,}6 \text{ N/mm}^2$$

Spannungen in der unteren Randfaser:

$$\sigma_{wz} = c_B \frac{N}{A} = 1{,}7 \frac{-76{,}6 \text{ kN}}{9250 \text{ mm}^2} = -14{,}1 \text{ N/mm}^2$$

$$\sigma_{wb} = c_B \frac{M z}{I} = 1{,}7 \frac{56879 \text{ kN mm} (239 \text{ mm})}{3{,}1 \cdot 10^8 \text{ mm}^4} = 74{,}5 \text{ N/mm}^2$$

Wirkung in negative Richtung, $F = -100 \text{ kN}$:

Spannungen in der oberen Randfaser:

$$\sigma_{wz} = c_B \frac{N}{A} = 1{,}7 \frac{76{,}6 \text{ kN}}{9250 \text{ mm}^2} = 14{,}1 \text{ N/mm}^2$$

$$\sigma_{wb} = c_B \frac{M\,z}{I} = 1,7 \frac{(-56879\ \mathrm{kN\,mm})\,(-191\ \mathrm{mm})}{3,1 \cdot 10^8\ \mathrm{mm}^4} = 59,6\ \mathrm{N/mm}^2$$

Spannungen in der unteren Randfaser:

$$\sigma_{wz} = c_B \frac{N}{A} = 1,7 \frac{76,6\ \mathrm{kN}}{9250\ \mathrm{mm}^2} = 14,1\ \mathrm{N/mm}^2$$

$$\sigma_{wb} = c_B \frac{M\,z}{I} = 1,7 \frac{(-56879\ \mathrm{kN\,mm})\,(239\ \mathrm{mm})}{3,1 \cdot 10^8\ \mathrm{mm}^4} = -74,5\ \mathrm{N/mm}^2$$

Mittlere Werte für die Schubspannungen werden hier nicht ermittelt, da die Schubspannungen aus Querkraft in den Randfasern tatsächlich zu Null werden.

Sowohl in der oberen als auch in der unteren Randfaser ergeben sich wechselnde Beanspruchungen. Dabei ist die Spannungsamplitude in der oberen Randfaser größer, da sich hier die Normalspannungen aus Normalkraft und Biegemoment vorzeichengleich überlagern.

$$\sigma_w = 73,7\ \mathrm{N/mm}^2, \kappa = -1$$

$$\sigma_{wv} = \frac{1}{2}(\sigma_w + \sqrt{\sigma_w^2 + 4\,\tau_w^2}) = \sigma_w = 73,7\ \mathrm{N/mm}^2$$

Mit dem Dauerfestigkeitsdiagramm in Bild 1.8-2 und dem vorliegenden Grenzspannungsverhältnis von $\kappa = -1$: $\sigma_{wv\,zul} = 85\ \mathrm{N/mm}^2 > \sigma_{wv} = 73,7\ \mathrm{N/mm}^2$. Damit liegt fest, dass das Bauteil im Anschlussquerschnitt an die Wand mit Bezug auf die obere Randfaser dauerfest ausgelegt ist. Da in der unteren Randfaser geringere Spannungsamplituden auftreten, ist diese gleichermaßen dauerfest ausgelegt.

Teilaufgabe 4:

In einem Dauerfestigkeitsdiagramm nach Smith werden abhängig von der Mittelspannung, die zulässige Spannungsamplitude und somit die zulässige Ober- und Unterspannung dargestellt. Das hier vorliegende Diagramm benennt die zulässige Oberspannung abhängig vom Grenzspannungsverhältnis. Somit zeigt dieses Diagramm die obere Grenzkurve eines Dauerfestigkeitsdiagramms nach Smith, wobei an der Abszisse das Grenzspannungsverhältnis statt der Mittelspannung aufgetragen ist. Hierdurch ergibt sich in der Darstellung eine Verzerrung der Kurven gegeneinander.

2 Federn

2.1 Kraftbegrenzer

2.1.1 Aufgabenstellung Kraftbegrenzer

Kraftbegrenzer (Bild 2.1-1) werden eingesetzt, um zug- und/oder druckbelastete Bauteile gegen Überlastung zu schützen. Der Kraftbegrenzer wird in den Kraftfluss eingebaut und unterbricht den Kraftfluss, sobald bestimmte Grenzkräfte überschritten werden.

Bild 2.1-1: Kraftbegrenzer mit Sensor zur Erfassung der Schaltstellung [RINGSPANN]

Die Funktion eines Kraftbegrenzers ist Bild 2.1-2 zu entnehmen. Die Krafteinleitung in den Kraftbegrenzer erfolgt über die Gewinde an Schubstange (Pos. 1) und Gehäuse (Pos. 3). Wird nun eine Kraft an diesen Stellen eingeleitet, so wird sich die Schubstange zunächst nicht gegen das Gehäuse verschieben. Dies ist dadurch bedingt, dass bei kleinen Kräften die Verriegelungssegmente (Pos. 2) nicht radial gegen den Druck von Kegelscheibe (Pos. 6) und vorgespanntem Tellerfederpaket (Pos. 5) verschoben werden (siehe Kraft-Weg-Diagramm in Bild 2.1-4). Erst nach überschreiten der max. Betriebskraft F_B werden die Verriegelungselemente mit steigender Kraft zunehmend radial verschoben und damit auch die Schubstange gegenüber dem Gehäuse bewegt. Wird die Kraft auf das Niveau der Ausrastkraft F_A gesteigert, so treten die Verriegelungselemente aus der Nut in der Schubstange aus und die Schubstange kann durch das Gehäuse geschoben werden. Bei dem Verschieben ist die Kraft F_C aufzubringen, welche die auf die Schubstange gedrückten Verriegelungselemente über Reibung erzeugen.

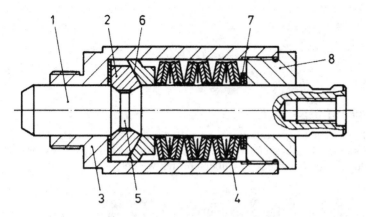

Bild 2.1-2: Schnittbild eines Kraftbegrenzers [RINGSPANN]

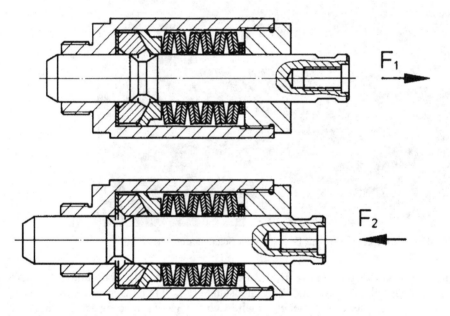

Bild 2.1-3: Schaltstellungen von Kraftbegrenzern [RINGSPANN]

Für einen Kraftbegrenzer wie dargestellt ist das Tellerfederpaket auszulegen. Zur Verfügung steht lediglich eine Type Tellerfeder, die in einer zu bestimmenden Schichtung das Federpaket bilden soll. Beschrieben wird die Tellerfeder durch die in Bild 2.1-5 aufgeführten Daten. Bei der Auslegung des Federpaketes ist darauf zu achten, dass die Tellerfedern im Betrieb lediglich zu 66 % der maximalen Verformung im durchgedrückten Zustand verformt werden sollen. Der maximal verfügbare Federweg beträgt also 1 mm.

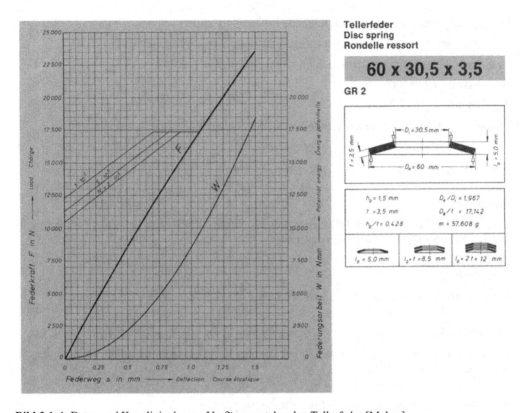

Bild 2.1-4: Daten und Kennlinie der zur Verfügung stehenden Tellerfeder [Mubea]

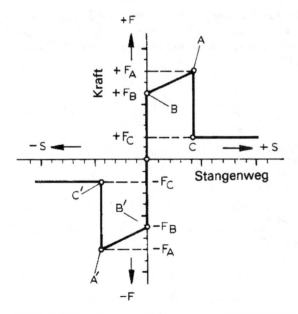

Bild 2.1-5: Kennlinien von Kraftbegrenzern [RINGSPANN]

Der Kraftbegrenzer soll sich durch folgende Daten auszeichnen:

Winkel an Schubstange, Verriegelungssegmente und Kegelscheibe: $\alpha = 30°$

Haft- und Gleitreibungsbeiwerte an allen Kontaktflächen: $\mu = 0{,}04$

Betriebskraft: $F_B = 10000$ N

Ausrastkraft: $F_A = 13000$ N

Mindestweg der Schubstange zwischen den Kennpunkten A und B: $s_{min} = 5$ mm

Bearbeitungspunkte:

Teilaufgabe 1:

Können mit der vorliegenden Tellerfeder die geforderten Daten erreicht werden? Wenn ja, in welcher Schichtung ist die Feder einzusetzen?

Teilaufgabe 2:

Wie groß ist die Stangenkraft nach dem Schalten F_C?

Teilaufgabe 3:

Welche konstruktiven Maßnahmen können an dem Kraftbegrenzer ergriffen werden, um die Ausrastkraft F_A anzuheben?

2.1.2 Mögliche Lösung zur Aufgabe Kraftbegrenzer

Teilaufgabe 1: Federpaket

Zur Ermittlung der wirkenden Kräfte sind die beteiligten Bauteile Verriegelungssegment (1), Schubstange (2) und Kegelscheibe (3) freizuschneiden. Beim Herausdrücken des Verriegelungssegmentes durch eine Schubstangenbewegung von rechts nach links ergibt sich unter Berücksichtigung von Reibung folgendes Bild:

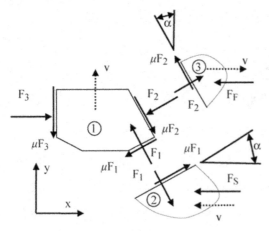

Bild 2.1-6: Kräfte an den Bauteilen des Kraftbegrenzers

Das Kräftegleichgewicht an den einzelnen Bauteilen führt zu folgenden Gleichungen:

Schubstange:

$$\sum F_x = 0 = -F_S + F_1 \sin\alpha + \mu\, F_1 \cos\alpha$$

$$F_1 = \frac{F_S}{\sin\alpha + \mu\cos\alpha}$$

Kegelscheibe:

$$\sum F_x = 0 = -F_F + F_2 \cos\alpha - F_2\mu \sin\alpha$$

$$F_2 = \frac{F_F}{\cos\alpha - \mu\sin\alpha}$$

Verriegelungssegment:

$$\sum F_x = 0 = F_3 - F_2 \cos\alpha + \mu\, F_2 \sin\alpha - F_1 \sin\alpha - \mu\, F_1 \cos\alpha$$

$$\sum F_y = 0 = F_1 \cos\alpha - \mu\, F_1 \sin\alpha - F_2 \sin\alpha - \mu\, F_2 \cos\alpha - \mu\, F_3$$

Umstellen der beiden Gleichgewichtsbedingungen für das Verriegelungssegment nach F_3 und Gleichsetzen ergibt:

$$F_1\left(\frac{\cos\alpha}{\mu} - \sin\alpha - \sin\alpha - \mu\cos\alpha\right) = F_2\left(\cos\alpha - \mu\sin\alpha + \frac{\sin\alpha}{\mu} + \cos\alpha\right)$$

Einsetzen der obigen Zusammenhänge für F_1 und F_2 an Schubstange und Kegelscheibe und umstellen nach F_S ergibt:

$$F_S = F_F \frac{\dfrac{\sin\alpha}{\mu} - \mu\sin\alpha + 2\cos\alpha}{\cos\alpha - \mu\sin\alpha} \frac{\sin\alpha + \mu\cos\alpha}{\dfrac{\cos\alpha}{\mu} - \mu\cos\alpha - 2\sin\alpha}$$

$$F_S = q\, F_F = 0{,}436\, F_F$$

Damit ist der Zusammenhang zwischen der Schubstangenkraft und der korrespondierenden Kraft im Federpaket ermittelt. Die an der Schubstange wirkende Kraft beträgt 43,6 % der Kraft im Federpaket.

Um nun zu ermitteln, ob die vorliegende Tellerfeder geeignet ist, um die vorliegende Aufgabe zu lösen, ist es zweckmäßig, die notwendigen Eigenschaften des Tellerfederpaketes zu bestimmen. An diese muss im folgenden Schritt durch entsprechende Schichtung der Federn das Paket angepasst werden.

Mindestfederweg:

$$s_{F\,min} = s_{S\,min}\,\tan^2\alpha = 5\ \text{mm}\,\tan^2 30° = 1{,}66\ \text{mm}$$

Optimale Federrate:

$$c_{optimal} = \frac{F_A - F_B}{q\, s_{F\,min}} = \frac{3000\ \text{N}}{0{,}436 \cdot 1{,}66\ \text{mm}} = 4128\ \text{N/mm}$$

Steifigkeit Einzelfeder:

$$c_{\text{Einzelfeder}} = \frac{\Delta F}{\Delta s} = \frac{20000 \text{ N}}{1,25 \text{ mm}} = 16000 \text{N/mm}$$

Damit ein ausreichender Stangenweg vorliegt, ist ca. ein Viertel der Steifigkeit einer Einzelfeder zu realisieren. Dies kann durch vier Federn in Reihenschaltung erzielt werden.

Federrate Federpaket:

$$c_{\text{ges}} = \frac{c_{\text{Einzelfeder}}}{n} = \frac{16000 \text{N/mm}}{4} = 4000 \text{N/mm}$$

Zu prüfen ist, ob bei dieser Steifigkeit der geforderte Mindestschaltweg an der Schubstange eingehalten wird:

Schaltweg Federpaket:

$$\Delta s_{\text{F}} = \frac{F_{\text{A}} - F_{\text{B}}}{q \, c_{\text{ges}}} \frac{3000 \text{ N}}{0,436 \cdot 4000 \text{ N/mm}} = 1,72 \text{ mm}$$

Schaltweg Schubstange:

$$\Delta s_{\text{S}} = \frac{F_{\text{A}} - F_{\text{B}}}{q \, c_{\text{ges}} \tan^2 \alpha} = \frac{3000 \text{ N}}{0,436 \cdot 4000 \text{ N/mm} \cdot \tan^2 \alpha} = 5,16 \text{ mm}$$

Der Schaltweg des Federpaketes kann von den vier Federn ohne weiteres bereitgestellt werden. An der Schubstange wird die Bedingung nach einer Mindestverschiebung von 5 mm vor Erreichen des Ausrastpunktes erfüllt.

Nicht betrachtet wurde allerdings bisher, dass das Federpaket vorzuspannen ist. Dies ist erforderlich, damit nicht schon geringe Betriebskräfte zu einer Verschiebung der Stange führen. Vielmehr soll eine Verschiebung der Schubstange erst bei erreichen der Betriebskraft F_{B} erfolgen.

Vorspannkraft:

$$F_{\text{vorspann}} = \frac{F_{\text{B}}}{q} = \frac{10000 \text{ N}}{0,436} = 22935 \text{ N}$$

Diese Vorspannkraft führt zu einer Verformung des Federpaketes von:

Vorspannweg Federpaket:

$$\Delta s_{\text{Vorspann}} = \frac{F_{\text{Vorspann}}}{c_{\text{ges}}} = \frac{22935 \text{ N}}{4000 \text{ N/mm}} = 5,73 \text{ mm}$$

Diesen für die Vorspannung erforderlichen Federweg kann das aus vier in Reihe geschalteten Tellerfedern bestehende Paket nicht bereitstellen. Bei einer Ausnutzung des maximalen Federweges von 66 % stehen lediglich 4 mm Federweg zu Verfügung. Dabei ist der Schaltweg des Federpaketes noch nicht einmal berücksichtigt. Dies bedeutet, dass bei gleicher Steifigkeit des Federpaketes die Schichtung so verändert werden muss, dass ein größerer Federweg zur Verfügung gestellt wird. In Summe muss mindestens die Summe aus Schaltweg (1,72 mm) und Vorspannweg (5,73 mm) zur Verfügung stehen. Dies sind 7,45 mm. Ziel ist in etwa eine Verdopplung des Federweges unter Beibehaltung der Steifigkeit. Dies kann erreicht werden, in dem das bisher geplante Federpaket zu sich selbst parallel geschaltet wird und das dann vorliegende Paket wiederum zu sich selbst nochmals in Reihe geschaltet wird. Nach dieser Maß-nahme werden 8 mm Federweg zu Verfügung gestellt, die auch die maximale Verformung von 7,45 mm abdecken.

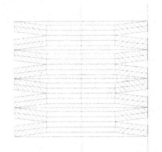

Das resultierende Federpaket besteht also aus einer Parallel-schaltung von zwei Tellerfedern, die achtfach in Reihe geschal-tet wird.

Bild 2.1-7: Tellerfederpaket

Teilaufgabe 2: Stangenkraft nach dem Auslösen

Maximalkraft des Federpakets bei komplett ausgerasteten Verriegelungssegmenten:

$$F_{F\,max} = c_{ges} \Delta s_S \tan^2 \alpha + F_{vorspann}$$

Diese Maximalkraft wirkt nach dem Ausrasten über Kegelscheibe und Verriegelungssegmente auf die Schubstange. Damit ist die erforderliche Kraft, um die Schubstange zu bewegen:

$$F_C = \mu\,F_N = \mu\,F_{F\,max} \tan \alpha = 0{,}04 \cdot 29815\,\text{N} \cdot \tan 30° = 688\,\text{N}$$

Teilaufgabe 3: Konstruktive Maßnahmen

Eine Erhöhung der Ausrastkraft F_A lässt sich durch eine höhere Vorspannung des Federpake-tes erreichen. Der Charakter der Kennlinie bleibt erhalten, allerdings wird diese im Niveau angehoben. Bei einem vorhandenen Kraftbegrenzer lässt sich die Erhöhung der Vorspannung am einfachsten durch Einlegen weiterer Scheiben (analog zu Pos. 7 in Bild 2.1-2) erreichen.

Anmerkung:

Hier wird von einer symmetrischen Nut in der Schubstange des Kraftbegrenzers ausgegangen. Interessant wäre es noch die Frage zu klären, ob der Kraftbegrenzer bei diesem symmetrischen Aufbau tatsächlich in beide Wirkrichtungen theoretisch die gleiche Kennlinie aufweist (wie in Bild 2.1-4 suggeriert). Für An-wendungen, welche dies erfordern, können durch explizite Variation der Nutgeometrie in den beiden Wirkrichtungen durchaus unterschiedliche Kennlinien eingestellt werden.

Anmerkung:

Ein bedeutendes Thema in der Technik ist der Schutz technischer Innovationen. Ein Unternehmen, wel-ches innovative Wege beschreitet, z.B. um neue Produkte auf den Markt zu bringen, wird in der Regel zunächst in diese Innovation investieren müssen. In diesem Fall besteht natürlich ein besonderes Interes-se, die Innovation auch ausschließlich nutzen und vermarkten zu können. In diesem Zusammenhang besteht die Möglichkeit, sich auf neue Technologien Schutzrechte einräumen zu lassen. Diese können Schutz vor Nachahmern bieten und damit auch wirtschaftlichen Erfolg mit gestalten. Schutzrechte kön-nen in verschiedener Form und für unterschiedliche Regionen gewährt werden. Zu dem hier behandelten Kraftbegrenzer existiert z.B. das deutsche Patent DE 3 611 617.

3 Schraubenverbindungen

3.1 Verschraubung Druckbehälter

3.1.1 Aufgabenstellung Verschraubung Druckbehälter

Druckbehälter werden in den verschiedensten Anwendungsbereichen für unterschiedlichste Medien eingesetzt. In den Bildern 3.1-1 und 3.1-2 ist ein Druckluftbehälter (25 m^3, 10 bar) dargestellt. Wie in den Bildern zu sehen verfügen solche Behälter über Öffnungen, in diesem Fall ein Mannloch, die über verschraubte Deckel verschlossen werden.

Bild 3.1-1: Druckluftbehälter mit Mannloch [Büdenbender]

Bild 3.1-2: Verschraubter Deckel auf Mannloch [Büdenbender]

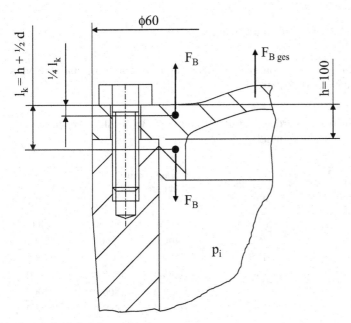

Bild 3.1-3: Schraubenverbindung

Das Bild 3.1-3 zeigt einen Druckbehälter, der wie oben dargestellt durch Schrauben mit einem Deckel verschlossen ist. In dem Behälter befindet sich ein schwellender Innendruck p_i der eine Gesamtbetriebskraft von $F_{B\,ges} = 300$ kN verursacht.

Der Aluminiumdeckel mit einem E-Modul von $E_p = 1{,}22 \cdot 10^5$ N/mm² ist mit sechs gleichen Schrauben der Festigkeitsklasse 8.8 nach DIN 933 verschlossen. Die Schrauben sind mit einem Drehmomentenschlüssel angezogen. Der Reibwert zwischen sich bewegenden Teilen beträgt $\mu = 0{,}14$. Es soll pro Schraube stets eine Restklemmkraft $F_{K1} = 1$ kN wirken. Aufgrund der Oberflächenrauheit soll in Trennfugen von 4 μm und im Gewinde von 5 μm Setzbetrag ausgegangen werden.

Bearbeitungspunkte:

Teilaufgabe 1:

Dimensionieren Sie die Flanschschrauben überschlägig auf der Grundlage, dass die maximale Schraubenkraft die Schrauben maximal lediglich zu 90 % der Streckgrenze vorspannen soll.

Teilaufgabe 2:

Ermitteln Sie die erforderliche Vorspannkraft der Schrauben.

Teilaufgabe 3:

Wie groß kann die Montagevorspannkraft maximal ausfallen?

Teilaufgabe 4:

Überprüfen Sie, ob die Schraubenverbindung nach Teilaufgabe 1 unter dem Blickwinkel des dynamischen Behälterinnendruckes ausreichend ausgelegt ist.

Teilaufgabe 5:

Mit welchem Drehmoment sind die Schrauben anzuziehen?

Teilaufgabe 6:

Wird die statische Beanspruchungsgrenze von 90 % der Streckgrenze durch die statische Vergleichsspannung tatsächlich nicht überschritten?

Teilaufgabe 7:

Wie kann der Deckel umkonstruiert werden, damit die aus der Betriebskraft resultierende Spannungsamplitude in der Schraube abnimmt?

Gewinde	Spannungsquerschnitt A_S in mm^2	Kernquerschnitt A_3 in mm^2	Schraubenkraft an der Streckgrenze $R_{p0,2}$ in N		
			8.8	10.9	12.9
M10 × 1,5	58	52,3	37100	54500	64000
M12 × 1,75	84,3	76,2	54000	79000	92500
M14 × 2	115	105	73500	108000	127000
M16 × 2	157	144	100000	148000	173000
M18 × 2,5	192	175	127000	180000	211000
M20 × 2,5	245	225	162000	230000	270000

Bild 3.1-4: Schraubendaten [ähnlich Esser, S.34]

Verschraubungsklasse	Streuung der Vorspannkräfte	Anziehfaktor A	Anziehverfahren bei der Montage
I	entspricht der Streckgrenze der Schraube	1,0	Winkelkontrolliertes Anziehen Streckgrenzenkontrolliertes Anziehen
II	± 20 %	1,6	Drehmomentschlüssel Drehschrauber
III	± 40 %	2,5	Schlagschrauber mit Einstellkontrolle
IV	± 60 %	4,0	Schlagschrauber ohne Einstellkontrolle Anziehen von Hand

Bild 3.1-5: Anziehfaktoren [ähnlich Esser, S.29]

		Dauerhaltbarkeit ± σ_A in N/mm^2 für Gewindedurchmesser in mm			
		< 8	8 – 12	14 – 20	> 20
Festigkeitsklassen	4.6 und 5.6	50	40	35	35
	8.8 bis 12.9	60	50	40	35
	10.9 und 12.9 schlussgerollt	100	90	70	60

Bild 3.1-6: Dauerfestigkeitswerte [ähnlich Esser, S.21]

3.1.2 Mögliche Lösung zur Aufgabe Verschraubung Druckbehälter

Teilaufgabe 1: Schraubenauswahl

Ausnutzung der Streckgrenze durch Restklemmkraft, Betriebskraft und Anziehfaktor zu 90 %. Gemäß Vorgabe: $F_{K1} = 1$ kN

$$F_{\mathrm{B}} = \frac{F_{\mathrm{Bges}}}{n} = \frac{300\ \mathrm{kN}}{6} = 50\ \mathrm{kN}$$

Bild 3.1-5: Anziehen mit einem Drehmomentschlüssel → Anziehfaktor $A = 1{,}6$

$$F_{\max} = A(F_{\mathrm{Kl}} + F_{\mathrm{B}}) = 1{,}6(1\ \mathrm{kN} + 50\ \mathrm{kN}) = 81{,}6\ \mathrm{kN}$$

$$F_{\max} < 0{,}9\ F(R_{\mathrm{p0,2}})$$

$$F(R_{\mathrm{p0,2}}) > \frac{F_{\max}}{0{,}9} = \frac{81{,}6\ \mathrm{kN}}{0{,}9} = 90{,}7\ \mathrm{kN}$$

Bild 3.1-4: Werkstoff 8.8, $F(R_{\mathrm{p0,2}}) > 90{,}7\ \mathrm{kN} \rightarrow$ M16 × 2 mit $F(R_{\mathrm{p0,2}}) = 100\ \mathrm{kN}$

Teilaufgabe 2: Montagevorspannkraft

$$F_{\mathrm{VM}} = \left((1-\varphi)F_{\mathrm{B}} + F_{\mathrm{Kl}} + \Delta F_{\mathrm{V}}\right)$$

F_{B} und F_{Kl} sind bereits bekannt.

$$\Phi = n\Phi' = n\,\frac{1}{1+\dfrac{c_{\mathrm{p}}}{c_{\mathrm{s}}}}$$

$$n = \frac{l_{\mathrm{k\ entlastet}}}{l_{\mathrm{k}}} = \frac{0{,}75 l_{\mathrm{k}}}{l_{\mathrm{k}}} = 0{,}75$$

$$\frac{1}{c_{\mathrm{s}}} = \frac{1}{E_{\mathrm{s}}}\left(\frac{h}{A_{\mathrm{s}}} + \frac{d}{2}\frac{1}{A_{\mathrm{s}}}\right) = \frac{h+\dfrac{d}{2}}{E_{\mathrm{s}}\,A_{\mathrm{s}}}$$

$$\frac{1}{c_{\mathrm{s}}} = \frac{100\ \mathrm{mm} + \dfrac{16\ \mathrm{mm}}{2}}{2{,}1\cdot 10^{5}\ \mathrm{N/mm^{2}}\,157\ \mathrm{mm^{2}}} = 3{,}275\cdot 10^{-6}\ \mathrm{mm/N}$$

$$c_{\mathrm{s}} = 3{,}05\cdot 10^{5}\ \mathrm{N/mm}$$

$$c_{\mathrm{p}} = \frac{E_{\mathrm{p}}}{l_{\mathrm{k}}}A_{\mathrm{z}} = \frac{E_{\mathrm{p}}}{l_{\mathrm{k}}}\frac{\pi}{4}\left(\left(S+\frac{l_{\mathrm{k}}}{a}\right)^{2} - D^{2}\right)$$

$$c_{\mathrm{p}} = \frac{1{,}22\cdot 10^{5}\ \mathrm{N/mm^{2}}}{108\ \mathrm{mm}}\frac{\pi}{4}\left(\left(22{,}5\ \mathrm{mm} + \frac{108\ \mathrm{mm}}{6}\right)^{2} - (17{,}5\ \mathrm{mm})^{2}\right)$$

$$c_{\mathrm{p}} = 1{,}18\cdot 10^{6}\ \mathrm{N/mm}$$

Somit ergibt sich der Verspannungsfaktor zu:

$$\Phi = 0{,}75\,\frac{1}{1+\dfrac{1{,}18\cdot 10^{6}}{3{,}05\cdot 10^{5}}} = 0{,}154$$

$$\Delta F_V = s \, \Phi \, c_p = 13 \, \mu\text{m} \cdot 0{,}205 \cdot 1{,}18 \cdot 10^6 \, \text{N/mm} = 3144 \, \text{N}$$

$$F_{VM} = \big((1-f)F_B + F_{Kl} + \Delta F_V\big) = \big((1-0{,}154)\,50 \, \text{kN} + 1 \, \text{kN} + 3{,}14 \, \text{kN}\big) = 46{,}4 \, \text{kN}$$

Die Schraube ist nach Aufbringung der minimalen Montagevorspannkraft zu 47 % der Streckgrenze beansprucht.

Teilaufgabe 3: Maximale Vorspannkraft

$$F_{VM\,max} = A \cdot F_{VM} = 1{,}6 \cdot 46{,}4 \, \text{kN} = 74{,}3 \, \text{kN}$$

Die Schraube ist nach Aufbringung der maximalen Montagevorspannkraft zu 75 % der Streckgrenze beansprucht.

Teilaufgabe 4: Dynamische Beanspruchung

$$\sigma_a = \frac{1}{2}\frac{F_{Bs}}{A_s} = \frac{1}{2}\frac{0{,}154 \cdot 50 \, \text{kN}}{157 \, \text{mm}^2} = 24{,}5 \, \text{N/mm}^2$$

$$\sigma_a = 24{,}5 \, \text{N/mm}^2 < \sigma_{a\,zul}(8.8,\, 14-20 \, \text{mm}) = 40 \, \text{N/mm}^2$$

Die dynamische Beanspruchung ist zulässig. Es liegt eine dauerfeste Auslegung vor.

Teilaufgabe 5: Anzugsmoment

$$M = F_V\left(\frac{d_2}{2}\tan(\varphi + \rho) + \mu_K r_m\right)$$

$$M = 46{,}4 \, \text{kN}\left(\frac{12{,}701 \, \text{mm}}{2}\tan(2{,}87° + 7{,}97°) + 0{,}14 \cdot 9{,}9 \, \text{mm}\right) = 120{,}7 \, \text{Nm}$$

Teilaufgabe 6: Maximalspannung

Die Vergleichsspannung aus überlagertem Zug und Torsion in der Schraube ergibt sich zu:

$$\sigma_V = \sqrt{\sigma_z^2 + 3\tau_t^2} = \sqrt{\left(\frac{F_{V\,max}}{A_S}\right)^2 + 3\left(\frac{M_t}{W_t}\right)^2}$$

$$\sigma_V = \sqrt{\left(\frac{F_{VM} + \phi F_B}{A_S}\right)^2 + 3\left(\frac{F_V \frac{d_2}{2}\tan(\varphi + \rho)}{\frac{\pi}{16}d_S^3}\right)^2}$$

$$\sigma_V = \sqrt{\left(\frac{74{,}3 \, \text{kN} + 0{,}154 \cdot 50 \, \text{kN}}{157 \, \text{mm}^2}\right)^2 + 3\left(\frac{74{,}3 \, \text{kN}\frac{12{,}701 \, \text{mm}}{2}\tan(2{,}87° + 7{,}97°)}{\frac{\pi}{16}(14{,}1 \, \text{mm})^3}\right)^2}$$

$$\sigma_V = 696 \, \text{N/mm}^2$$

Die Forderung danach, dass die Maximalspannung in der Schraube 90 % der Streckgrenze nicht überschreiten soll, wird nicht erfüllt. Vielmehr wird sogar die Streckgrenze deutlich überschritten.

Teilaufgabe 7: Konstruktive Maßnahmen

Deckel herunterziehen, um den entlasteten Klemmlängenanteil so klein wie möglich ausfallen zulassen.

Anmerkung:

Bei der Bearbeitung dieser Aufgabe wird wegen des Anziehens mit einem Drehmomentenschlüssel von einem Anzugsfaktor von $A = 1,6$ ausgegangen. Die Tabelle für die Anzugsfaktoren weist allerdings aus, dass dieser Faktor keine Gültigkeit für das Anziehen von Schrauben auf Platten aus Aluminium hat. Insofern ist der Anzugsfaktor hier nicht endgültig zu bestimmen. Z.B. durch Literaturrecherche, Abfrage bei Schraubenherstellern oder eigene Versuche kann und sollte der zu berücksichtigende Faktor konkretisiert werden.

Anmerkung:

Entscheidend ist zu erkennen, dass die dynamische Beanspruchung einer Schraube nicht alleine durch Höhe der Lasten und die Eigenschaften der Schraube bestimmt wird. Ein zentraler Einflussfaktor ist die Steuerung des so genannten „Kraftflusses" durch die verspannten Platten. Dieser Fluss der Kräfte entscheidet über die Größe von belastetem und entlastetem Klemmlängenanteil und damit auch über die Größe der auf die Schraube einwirkenden Kraftamplitude – bei gleich großen äußeren Lasten.

3.2 Entlastung Schraubenverbindung

3.2.1 Aufgabenstellung Entlastung Schraubenverbindung

Die im Bild 3.2-1 gezeigte taillierte Schraube mit Unterlegscheibe wird mit einer dynamischen Betriebskraft beaufschlagt.

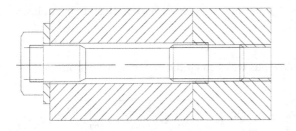

Bild 3.2-1:
Schraubenverbindung [Tedata]

Daten der Schraubenverbindung:

Schraube M20 × 120, 10.9, ähnlich DIN EN ISO 4014, mit Werkstoffkennwert $a = 10$

Taillendurchmesser	$d_T = 15$ mm
Durchmesser der Schraubenkopfauflage	$d_a = 28,2$ mm
Länge Schaft ohne Taille	$l_1 = 30$ mm
Länge Taille	$l_2 = 50$ mm
Scheibendicke	$t_s = 3$ mm
Klemmlänge	$l_k = 90$ mm
Setzbetrag pro Fuge	$s = 5$ μm

Plattenwerkstoff S355J2G3, theoretisch unendliche Plattenausdehnung

Betriebskraft	$F_B = 200$ kN
Vorspannkraft	$F_{vM} = F(0,8 \cdot R_{p0,2})$

Entlastete Klemmlänge $l_k' = 0,3\ l_k$
Anzugsfaktor $A = 1,0$

Bearbeitungspunkte:

Teilaufgabe 1:

Besteht für die Schraube die Gefahr des Dauerbruchs?

Teilaufgabe 2:

Überlegen Sie konstruktive Maßnahmen, durch welche tendenziell eine Entlastung der Schraubenverbindung hinsichtlich der dynamischen Beanspruchung erreicht werden kann.

Teilaufgabe 3:

Als eine Maßnahme wird die Vergrößerung des Schraubendurchmessers um eine Größe vorgeschlagen. Wird hierdurch eine Entlastung der Schraubenverbindung hinsichtlich der dynamischen Beanspruchung erreicht?

Teilaufgabe 4:

Als weitere Maßnahme wird die Verringerung des Schraubendurchmessers um eine Größe vorgeschlagen. Welches Ergebnis wird hierdurch hinsichtlich der dynamischen Beanspruchung erreicht?

Teilaufgabe 5:

Führt eine Verlängerung der Schraube im Taillenbereich bei gleichzeitigem Unterlegen einer Buchse von 20 mm Länge zum Ziel der Entlastung hinsichtlich der dynamischen Beanspruchung der Verbindung?

Teilaufgabe 6:

Wie sind die durchgerechneten Varianten bzgl. der minimal verbleibenden Restklemmkraft zu beurteilen?

Teilaufgabe 7:

Welche der betrachteten Varianten würden Sie aus welchen Gründen zum Einsatz bringen?

Gewinde	Spannungsquerschnitt A_S in mm^2	Kernquerschnitt A_3 in mm^2	Schraubenkraft an der Streckgrenze $R_{p0,2}$ in N		
			8.8	10.9	12.9
M12 × 1,75	84,3	76,2	54000	79000	92500
M14 × 2	115	105	73500	108000	127000
M16 × 2	157	144	100000	148000	173000
M18 × 2,5	192	175	127000	180000	211000
M20 × 2,5	245	225	162000	230000	270000
M22 × 2,5	303	282	200000	285000	333000

Bild 3.2-2: Schraubendaten [ähnlich Esser, S.34]

		Dauerhaltbarkeit $\pm\sigma_A$ in N/mm² für Gewindedurchmesser in mm			
		< 8	8 – 12	14 – 20	> 20
Festigkeits- klassen	4.6 und 5.6	50	40	35	35
	8.8 bis 12.9	60	50	40	35
	10.9 und 12.9 schlußgerollt	100	90	70	60

Bild 3.2-3: Dauerfestigkeitsdaten [ähnlich Esser, S.21]

3.2.2 Mögliche Lösung zur Aufgabe Entlastung Schraubenverbindung

Teilaufgabe 1: Gefahr des Dauerbruchs

Kriterium: Die vorhandene Spannungsamplitude muss kleiner sein als die zulässige Spannungsamplitude:

$$\sigma_{a\,vorh} < \sigma_{a\,zul}$$

$$\sigma_{a\,vorh} = \frac{\phi\,F_B}{2\,A_s} = \frac{n\,\phi'\,F_B}{2\,A_s} = \frac{n\,F_B}{2\,A_s}\frac{c_s}{c_s + c_p}$$

Welcher Anteil der Betriebskraft F_B die Schraube zusätzlich belastet wird also im Wesentlichen durch den entlasteten Klemmlängenanteil sowie die Steifigkeiten von Schraube und Platten bestimmt:

$$n = \frac{l_k'}{l_k} = \frac{0,3\,l_k}{l_k} = 0,3$$

$$A_s\left(M\,20\times2,5\right) = 245\,\text{mm}^2$$

Die Steifigkeit der Schraube ermittelt sich hier als Reihenschaltung dreier Querschnittsbereiche: Schaft, Taille und Gewinde.

$$\frac{1}{c_s} = \frac{1}{c_{sch}} + \frac{1}{c_T} + \frac{1}{c_G}$$

$$\frac{1}{c_s} = \frac{30\,\text{mm}}{2.1\cdot10^5\,\dfrac{\text{N}}{\text{mm}^2}\dfrac{\pi}{4}(20\,\text{mm})^2} + \frac{50\,\text{mm}}{2.1\cdot10^5\,\dfrac{\text{N}}{\text{mm}^2}\dfrac{\pi}{4}(15\,\text{mm})^2} + \frac{20\,\text{mm}}{2.1\cdot10^5\,\dfrac{\text{N}}{\text{mm}^2}\,245\,\text{mm}^2}$$

$$c_s = 456454\,\text{N/mm}$$

Die Steifigkeit der Platte ist im Wesentlichen mit bestimmt durch den äußeren Durchmesser der komprimierten Zone:

$$c_p = \frac{E\,A_z}{l_k} = \frac{E}{l_k}\frac{\pi}{4}\left\{\left(d_a + \frac{l_k}{a}\right)^2 - d_h^2\right\}$$

$$c_p = \frac{2,1\cdot10^5\,\dfrac{\text{N}}{\text{mm}^2}}{90\,\text{mm}}\frac{\pi}{4}\left\{\left(28,2\,\text{mm} + \frac{90\,\text{mm}}{10}\right)^2 - (22\,\text{mm})^2\right\}$$

$$c_\mathrm{p} = 1649042 \ \mathrm{N/mm}$$

$$\phi = \frac{n \cdot c_\mathrm{s}}{c_\mathrm{s} + c_\mathrm{p}} = \frac{0,3 \cdot 456454}{456454 + 1649042} = 0,065$$

Dies bedeutet, ein relativ kleiner Anteil, nämlich 6,5 %, einer auftretenden Betriebskraft wirken als zusätzliche Last auf die Schraube. Diese Last aus dem Betrieb überlagert sich der Last aus dem Vorspannungszustand. Der Charakter der hieraus resultierenden Spannungen hängt vom Charakter der Last ab. Hier liegen infolge der dynamischen Betriebskraft ebenso dynamische Spannungen vor.

$$\sigma_{\mathrm{a \ vorh}} = \frac{0,065 \cdot 220 \ \mathrm{kN}}{2 \cdot 245 \ \mathrm{mm}^2} = 29,2 \ \mathrm{N/mm}^2$$

$$\sigma_{\mathrm{a \ vorh}} < \sigma_{\mathrm{a \ zul}} \left(M20, 10.9 \right) = 70 \ \mathrm{N/mm}^2$$

Eine Gefahr des Dauerbruchs der Schraube ist nicht unmittelbar gegeben.

Teilaufgabe 2: Konstruktive Maßnahmen zur Schraubenentlastung

- Weichere Schraube durch kleineren Schraubendurchmesser und/oder größere Schraubenlänge.
- Weichere Schraube durch Werkstoff mit kleinerem E-Modul.
- Steifere Platten durch Werkstoff mit größerem E-Modul.
- Verkleinerung des entlasteten Klemmlängenanteils durch Beeinflussung des Kraftangriffs.

Teilaufgabe 3: Vergrößerung des Schraubendurchmessers

Vergrößerung des Gewindeprofils auf M22:

$$A_\mathrm{s} \left(M22 \times 2,5 \right) = 303 \ \mathrm{mm}^2$$

$$\frac{1}{c_\mathrm{s}} = \frac{1}{c_\mathrm{sch}} + \frac{1}{c_\mathrm{T}} + \frac{1}{c_\mathrm{G}}$$

$$\frac{1}{c_\mathrm{s}} = \frac{30 \ \mathrm{mm}}{2.1 \cdot 10^5 \ \dfrac{\mathrm{N}}{\mathrm{mm}^2} \dfrac{\pi}{4} (22 \ \mathrm{mm})^2} + \frac{50 \ \mathrm{mm}}{2.1 \cdot 10^5 \ \dfrac{\mathrm{N}}{\mathrm{mm}^2} \dfrac{\pi}{4} (17 \ \mathrm{mm})^2} + \frac{20 \ mm}{2.1 \cdot 10^5 \ \dfrac{\mathrm{N}}{\mathrm{mm}^2} \ 303 \ \mathrm{mm}^2}$$

$$c_\mathrm{s} = 575011 \ \mathrm{N/mm}$$

$$c_\mathrm{p} = \frac{E \ A_\mathrm{z}}{l_\mathrm{k}} = \frac{E}{l_\mathrm{k}} \frac{\pi}{4} \left\{ \left(d_\mathrm{a} + \frac{l_\mathrm{k}}{a} \right)^2 - d_\mathrm{h}^2 \right\}$$

$$c_\mathrm{p} = \frac{2,1 \cdot 10^5 \ \dfrac{\mathrm{N}}{\mathrm{mm}^2}}{90 \ \mathrm{mm}} \frac{\pi}{4} \left\{ \left(30 \ \mathrm{mm} + \frac{90 \ \mathrm{mm}}{10} \right)^2 - (24 \ \mathrm{mm})^2 \right\}$$

$$c_\mathrm{p} = 1731802 \ \mathrm{N/mm}$$

$$\phi = \frac{n \cdot c_\mathrm{s}}{c_\mathrm{s} + c_\mathrm{p}} = \frac{0,3 \cdot 575011}{575011 + 1731802} = 0,075$$

$$\sigma_{\text{a vorh}} = \frac{0,075 \cdot 220 \text{ kN}}{2 \cdot 303 \text{ mm}^2} = 27,2 \text{ N/mm}^2$$

$$\sigma_{\text{a vorh}} < \sigma_{\text{a zul}} \left(M22,10.9 \right) = 60 \text{ N/mm}^2$$

Eine Gefahr des Dauerbruchs der Schraube ist für diesen größeren Schraubendurchmesser ebenfalls nicht unmittelbar gegeben. Allerdings hat sich die Ausnutzung der zulässigen Spannungsamplitude infolge der geringeren zulässigen Spannung von 41,7 % auf 45,3 % erhöht. Insofern ist die Vergrößerung des Schraubendurchmessers unter dem Blickwinkel der dynamischen Beanspruchung nicht positiv zu bewerten.

Teilaufgabe 4: Verringerung des Schraubendurchmessers

Verkleinerung des Gewindeprofils auf M18.

$$A_{\text{s}} \left(M18 \times 2,5 \right) = 192 \text{ mm}^2$$

$$\frac{1}{c_{\text{s}}} = \frac{1}{c_{\text{sch}}} + \frac{1}{c_{\text{T}}} + \frac{1}{c_{\text{G}}}$$

$$\frac{1}{c_{\text{s}}} = \frac{30 \text{ mm}}{2.1 \times 10^5 \frac{\text{N}}{\text{mm}^2} \frac{\pi}{4} (18 \text{ mm})^2} + \frac{50 \text{ mm}}{2.1 \cdot 10^5 \frac{\text{N}}{\text{mm}^2} \frac{\pi}{4} (13 \text{ mm})^2} + \frac{20 \text{ mm}}{2.1 \cdot 10^5 \frac{\text{N}}{\text{mm}^2} 192 \text{ mm}^2}$$

$$c_{\text{s}} = 350726 \text{ N/mm}$$

$$c_{\text{p}} = \frac{E A_{\text{z}}}{l_{\text{k}}} = \frac{E}{l_{\text{k}}} \frac{\pi}{4} \left\{ \left(d_{\text{a}} + \frac{l_{\text{k}}}{a} \right)^2 - d_{\text{h}}^2 \right\}$$

$$c_{\text{p}} = \frac{2,1 \cdot 10^5 \frac{\text{N}}{\text{mm}^2}}{90 \text{ mm}} \frac{\pi}{4} \left\{ \left(25,3 \text{ mm} + \frac{90 \text{ mm}}{10} \right)^2 - (20 \text{ mm})^2 \right\}$$

$$c_{\text{p}} = 1422992 \text{ N/mm}$$

$$\phi = \frac{n \cdot c_{\text{s}}}{c_{\text{s}} + c_{\text{p}}} = \frac{0,3 \cdot 350726}{350726 + 1422992} = 0,059$$

$$\sigma_{\text{a vorh}} = \frac{0,059 \cdot 220 \text{ kN}}{2 \cdot 192 \text{ mm}^2} = 33,8 \text{ N/mm}^2$$

$$\sigma_{\text{a vorh}} < \sigma_{\text{a zul}} \left(M18,10.9 \right) = 70 \text{ N/mm}^2$$

Eine Gefahr des Dauerbruchs der Schraube ist für diesen kleineren Schraubendurchmesser ebenfalls nicht unmittelbar gegeben. Allerdings hat sich die Ausnutzung der zulässigen Spannungsamplitude infolge des geringeren Schraubenquerschnitts von ursprünglich 41,7 % auf 48,3 % erhöht. Insofern ist die Verringerung des Schraubendurchmessers unter dem Blickwinkel der dynamischen Beanspruchung nicht positiv zu bewerten. Die Ausnutzung der zulässigen Spannungsamplitude liegt auch höher als bei der Variante der Vergrößerung des Schraubendurchmessers.

Teilaufgabe 5: Verlängerung der Schraube

Vergrößerung der Klemmlänge um 20 mm.

$$A_s\left(M20\times2,5\right) = 245 \text{ mm}^2$$

$$\frac{1}{c_s} = \frac{1}{c_{sch}} + \frac{1}{c_T} + \frac{1}{c_G}$$

$$\frac{1}{c_s} = \frac{30 \text{ mm}}{2.1\cdot10^5 \dfrac{\text{N}}{\text{mm}^2}\dfrac{\pi}{4}\left(20 \text{ mm}\right)^2} + \frac{70 \text{ mm}}{2.1\cdot10^5 \dfrac{\text{N}}{\text{mm}^2}\dfrac{\pi}{4}\left(15 \text{ mm}\right)^2} + \frac{20 \text{ mm}}{2.1\cdot10^5 \dfrac{\text{N}}{\text{mm}^2} 245 \text{ mm}^2}$$

$$c_s = 366335 \text{ N/mm}$$

$$c_p = \frac{E\,A_z}{l_k} = \frac{E}{l_k}\frac{\pi}{4}\left\{\left(d_a + \frac{l_k}{a}\right)^2 - d_h^2\right\}$$

$$c_p = \frac{2,1\cdot10^5 \dfrac{\text{N}}{\text{mm}^2}}{110 \text{ mm}}\frac{\pi}{4}\left\{\left(28,2 \text{ mm} + \frac{110 \text{ mm}}{10}\right)^2 - \left(22 \text{ mm}\right)^2\right\}$$

$$c_p = 1578324 \text{ N/mm}$$

$$\phi = \frac{n\cdot c_s}{c_s + c_p} = \frac{0,3\cdot366335}{366335 + 1578324} = 0,057$$

$$\sigma_{a\,vorh} = \frac{0,057\cdot220 \text{ kN}}{2\cdot245 \text{ mm}^2} = 25,6 \text{ N/mm}^2$$

$$\sigma_{a\,vorh} < \sigma_{a\,zul}\left(M20,10.9\right) = 70 \text{ N/mm}^2$$

Eine Gefahr des Dauerbruchs der Schraube ist nicht unmittelbar gegeben. Die Ausnutzung der zulässigen Spannungsamplitude beträgt 36,6 %. Damit ist für den Fall der Schraubenverlängerung die geringste dynamische Schraubenbeanspruchung gegeben.

Teilaufgabe 6: Verbleibende Restklemmkraft

Die minimale Klemmkraft ergibt sich aus der minimalen Vorspannkraft abzüglich des Verlustes aus Setzen der Verbindung und der Entlastung infolge des die Platten entlastenden Betriebskraftanteils:

Originalschraube:

$$F_{kl\,min} = \frac{F_{vM}}{A} - \left(1-\phi\right)F_B - s\frac{\phi}{n}c_p$$

$$F_{vM} = 0,8\cdot A_s\cdot R_{p0,2} = 0,8\cdot245 \text{ mm}^2\cdot900 \text{ N/mm}^2 = 176 \text{ kN}$$

$$F_{kl\,min} = \frac{176 \text{ kN}}{1,0} - \left(1-0,065\right)200 \text{ kN} - 4\cdot5\mu m\frac{0,065}{0,3}1649042 \text{ N/mm} = -18,1 \text{ kN}$$

Größerer Schraubendurchmesser:

$$F_{vM} = 0,8 \cdot A_s \cdot R_{p0,2} = 0,8 \cdot 303 \text{ mm}^2 \cdot 900 \text{ N/mm}^2 = 218 \text{ kN}$$

$$F_{kl\,min} = \frac{218 \text{ kN}}{1,0} - (1 - 0,075)\,200 \text{ kN} - 4 \cdot 5\,\mu m \frac{0,075}{0,3} 1731802 \text{ N/mm} = 24,3 \text{ kN}$$

Kleinerer Schraubendurchmesser:

$$F_{vM} = 0,8 \cdot A_s \cdot R_{p0,2} = 0,8 \cdot 192 \text{ mm}^2 \cdot 900 \text{ N/mm}^2 = 138 \text{ kN}$$

$$F_{kl\,min} = \frac{138 \text{ kN}}{1,0} - (1 - 0,059)\,200 \text{ kN} - 4 \cdot 5\,\mu m \frac{0,059}{0,3} 1422992 \text{ N/mm} = -55,8 \text{ kN}$$

Verlängerte Schraube:

$$F_{vM} = 0,8 \cdot A_s \cdot R_{p0,2} = 0,8 \cdot 245 \text{ mm}^2 \cdot 900 \text{ N/mm}^2 = 176 \text{ kN}$$

$$F_{kl\,min} = \frac{176 \text{ kN}}{1,0} - (1 - 0,057)\,200 \text{ kN} - 4 \cdot 5\,\mu m \frac{0,057}{0,3} 1578324 \text{ N/mm} = -18,6 \text{ kN}$$

Wie aus der Rechnung zu erkennen ist, wird durch die Originalverbindung keine Restklemmkraft von zumindest Null sichergestellt. Auch die Verlängerung der Schraube oder Minderung des Schraubendurchmessers verbessern die Situation nicht. Eine Erhöhung der Restklemmkraft ist nur durch eine Schraube größeren Durchmessers und damit möglicher höherer Vorspannkraft zu erzielen. Die Schraube des größeren Durchmessers weist als einzige kein Klaffen der Verbindung auf.

Teilaufgabe 7: Auswahl der geeigneten Schraube

Aus den oben geschilderten Gründen ist lediglich die Schraube mit Gewinde M22 geeignet. Die relativ höhere dynamische Beanspruchung dieser Variante ist in Kauf zu nehmen.

Anmerkung:
Zwei wesentliche Versagensrisiken bei einer Schraube sind der Dauerbruch und der Verlust der Klemmkraft zwischen den Bauteilen. In aller Regel stellt sich die Situation so dar, dass Maßnahmen zur Reduktion der dynamischen Beanspruchung der Schraube zu einer Minderung der Klemmkraft führen. Umgekehrt führen Maßnahmen zur Steigerung der Klemmkraft zu einer höheren Schraubenbeanspruchung. Insofern müssen die Belange hinsichtlich Beanspruchung und Klemmung aufeinander abgestimmt werden, um ein optimales Ergebnis zu erzielen.

3.3 Zahnkranzverschraubung

3.3.1 Aufgabenstellung Zahnkranzverschraubung

Das Bild 3.3-1 zeigt einen auf eine Hohlwelle aufgeschobenen Zahnkranz. Der Zahnkranz ist über eine Schraubenverbindung, bestehend aus 8 Schrauben, mit der Welle verbunden. Die Schraubenverbindung ist so auszuführen, dass in keinem Betriebszustand ein Gleiten zwischen Zahnkranz und Welle auftreten kann. Im Betrieb wirkt auf den Zahnkranz idealisiert eine Umfangskraft von $F_U = 3$ kN.

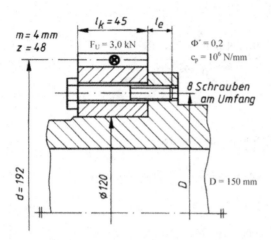

Bild 3.3-1: Zahnkranzverschraubung [Muhs, S.246]

Bearbeitungspunkte:

Teilaufgabe 1:
Ermitteln Sie die in der gleitfesten Verbindung auftretenden Reibungskräfte an den Verschraubungspunkten. Welche Maximalquerkraft kann auf eine einzelne Schraubenverbindung wirken?

Teilaufgabe 2:
Wie hoch ist der zu erwartende Setzkraftverlust pro Schraube bei einem Gesamtsetzbetrag von $s = 25$ μm?

Bild 3.3-2: Mobilkran [Terex Demag]

Teilaufgabe 3:

Wie hoch ist die Montagevorpannkraft zu wählen, wenn von einem Anziehen der Schrauben mittels Drehmomentschlüssel ($A = 1,6$) und einem Reibbeiwert zwischen Zahnkranz und Welle von $\mu = 0,1$ ausgegangen wird?

Teilaufgabe 4:

Finden sich in Bild 3.3-3 geeignete Schrauben der Güte 8.8, wenn die Schrauben statisch bis maximal 85 % ihrer Streckgrenze beansprucht werden sollen?

Teilaufgabe 5:

Welche Passung ist für den Sitz des Zahnkranzes auf der Welle als sinnvoll anzusehen (Spiel-, Übergangs- oder Presspassung)?

Gewinde	Spannungsquerschnitt A_S in mm^2	Kernquerschnitt A_3 in mm^2	Schraubenkraft an der Streckgrenze $R_{p0,2}$ in N		
			8.8	10.9	12.9
M8 × 1,25	36,6	32,8	23400	34400	40300
M10 × 1,5	58	52,3	37100	54500	64000
M12 × 1,75	84,3	76,2	54000	79000	92500
M14 × 2	115	105	73500	108000	127000
M16 × 2	157	144	100000	148000	173000
M18 × 2,5	192	175	127000	180000	211000
M20 × 2,5	245	225	162000	230000	270000

Bild 3.3-3: Schraubendaten 1 [Esser, S.34]

Gewinde	Vorspannkraft F_V in N			Anziehdrehmoment M_A in Nm		
	8.8	10.9	12.9	8.8	10.9	12.9
M8 × 1,25	17000	25000	29300	23	34	40
M10 × 1,5	27100	39900	46600	46	67	79
M12 × 1,75	39600	58000	68000	79	115	135
M14 × 2	54500	80000	93500	125	185	220
M16 × 2	74500	110000	128000	195	290	340
M18 × 2,5	93500	133000	156000	280	400	470
M20 × 2,5	120000	171000	201000	395	560	660

Bild 3.3-4: Schraubendaten 2 [Esser, S.30]

3.3.2 Mögliche Lösung zur Aufgabe Zahnkranzverschraubung

Teilaufgabe 1: Reibungskraft

Die Reibungskräfte an jedem Schraubenpunkt setzen sich vektoriell aus den Kräften zusammen, welche aus den beiden Schnittgrößen Querkraft und Drehmoment resultieren. Durch die die Drehung des Zahnkranzes kommt jede Schraube zeitweilig in die Zone maximal zu übertragender Reibkraft. In dieser Zone haben die Reibkraftanteile aus Querkraft und Drehmoment die gleiche Wirkungsrichtung, so dass sich der Betrag der maximalen Reibkraft aus der Summe der Beträge der beiden Reibkraftkomponenten ergibt:

$$F_{R\,max} = F_{RQ} + F_{RM} = \frac{Q}{n} + \frac{M}{\frac{D}{2}n} = \frac{F_u}{n} + \frac{F_u\frac{d}{2}}{\frac{D}{2}n} = \frac{F_u}{n}\left(1 + \frac{d}{D}\right)$$

$$F_{R\,max} = \frac{3\,kN}{8}\left(1 + \frac{192}{150}\right) = 0,86\,kN$$

Teilaufgabe 2: Vorspannkraftverlust

$$\Delta F_V = s\,\phi'\,c_p = 25 \cdot 10^{-6}\,m \cdot 0,2 \cdot 10^6\,N/mm = 5\,kN$$

Teilaufgabe 3: Montagevorspannkraft

Hier ist die erforderliche Vorspannkraft zu ermitteln. Diese ergibt sich aus der zu übertragenden Reibungskraft und der Haftungsbedingung. Darüber hinaus sind potentielle Setzverluste zu berücksichtigen.

$$F_{VM} = (1 - \phi) F_B + F_R + \Delta F_V = F_R + \Delta F_V = \frac{F_{Rmax}}{\mu} + \Delta F_V$$

$$F_{VM} = \frac{860 \text{ N}}{0,1} + 5000 \text{ N} = 13,6 \text{ kN}$$

Teilaufgabe 4: Schraubenauswahl

Mögliche Schraube: M10 mit $F_V = 27{,}1$ kN.

$$\sigma_{max} = \frac{F_{VM\,max}}{A_S} = \frac{A \cdot F_{VM}}{A_S} < 85\% \; R_{p0,2}$$

$$A_S > \frac{A \cdot F_{VM}}{85\% \; R_{p0,2}} = \frac{1,6 \cdot 13,6 \text{ kN}}{85\% \cdot 640 \text{ N/mm}^2} = 38,2 \text{ mm}^2$$

Gewählt: M10 × 1,5 mit $A_S = 58$ mm^2

Teilaufgabe 5: Passungsauswahl

Eine enge Spielpassung oder eine weite Übergangspassung sind geeignet, da diese eine Zentrierung gewährleisten ohne eine schwierige Montage zu erfordern.

Anmerkung:

Eine Betriebskraft im Sinne des Verspannungsdiagramms für Schrauben liegt bei dieser Anwendung nicht vor. Die Schraubenverbindung wird rein quer und nicht in Längsrichtung belastet. Von daher findet die vorliegende Betriebskraft auch keine Berücksichtigung bei der Ermittlung der erforderlichen Vorspannkraft für die Schraubenverbindung. Entscheidend für die Bestimmung der erforderlichen Vorspannkraft ist die in den Trennfugen sicherzustellende Normalkraft, die über Reibschluss die vorhandenen Betriebkräfte quer zur Schraube aufnimmt. Darüber hinaus sind natürlich zu erwartende Setzverluste zu berücksichtigen.

Anmerkung:

Bei der Bestimmung der Montagevorspannkräfte einer Schraube stellt sich stets die Frage, ob der Anziehfaktor zur Berücksichtigung kommt oder nicht. Dabei ist zu differenzieren, ob die Berechnung Mindest- oder Maximalvorspannkräfte ermitteln soll. Mindestvorspannkräfte sind meist gefragt, wenn es um die Frage geht, wie stark eine Schraube mindestens anzuziehen ist. Maximalvorspannkräfte sind dann in der Regel zu bestimmen, um die Zulässigkeit der sich maximal in der Schraube ergebenden Spannungen zu überprüfen. Entsprechend stellt sich die Situation in diesem Beispiel dar. Zunächst wird die Vorspannkraft ermittelt, die minimal erforderlich ist, um die Übertragung der Reibkraft sicherzustellen. Anschließend wird die Schraube auf ausreichende Festigkeit hin überprüft, wobei die aus den Ungenauigkeiten des Anzugsprozesses evtl. resultierende, deutlich höhere Vorspannkraft zur Berücksichtigung kommt.

3.4 Anzugswinkel Schraubenverbindung

3.4.1 Aufgabenstellung Anzugswinkel Schraubenverbindung

Die dargestellte Schraubenverbindung wird montiert. Nach dem Zusammenlegen der beiden Bauteile, wird die Schraube durchgesteckt, die Scheibe aufgeschoben sowie die Mutter angelegt. Dann wird die Mutter um 30° angezogen. Nach dem Anziehen der Schraubenverbindung steigt die Temperatur um 100 K.

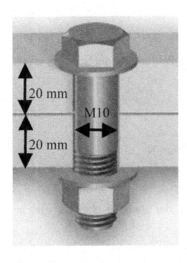

Bild 3.4-1:
Schraubenverbindung [Tedata]

Schraubensteifigkeit	$c_s = 3 \cdot 10^5$ N/mm
Steifigkeit oberes Bauteil	$c_{p1} = 10^6$ N/mm
Steifigkeit unteres Bauteil	$c_{p2} = 10^6$ N/mm
Steifigkeit Scheibe	$c_S = 10^7$ N/mm
Scheibendicke	$t_S = 2$ mm
Steigung Metrisches Gewinde M10:	$P = 1,5$ mm
Längenausdehnungskoeffizient Schraube:	$\alpha_S = 1,2 \cdot 10^{-5}$ K^{-1}
Längenausdehnungskoeffizient Bauteile:	$\alpha_B = 2,3 \cdot 10^{-5}$ K^{-1}

Bearbeitungspunkte:

Teilaufgabe 1:

Wie groß ist die Vorspannkraft der Schraubenverbindung nach dem Anziehen?

Teilaufgabe 2:

Wie groß ist die Vorspannkraft nach der Temperaturerhöhung?

Teilaufgabe 3:

Welcher Anzugswinkel wäre sinnvoll gewesen, um nach der Temperaturerhöhung die ursprüngliche Vorspannkraft zu erreichen?

3.4.2 Mögliche Lösung zur Aufgabe Anzugswinkel Schraubenverbindung

Teilaufgabe 1: Vorspannkraft nach dem Anziehen

Zur Lösung der Aufgabe ist es hilfreich sich vorzustellen, dass quasi eine Schraube zum Fügen der Bauteile eingesetzt wird, welche zwischen Schraubenkopf und Mutter um das Maß Δl kürzer ist als die Gesamtlänge der verspannten Bauteile.

Die Längenänderung der Schraube infolge der Vorspannkraft beträgt:

$$\Delta l_S = \frac{F_V}{c_S}$$

Die negative Längenänderung der Bauteile infolge der Vorspannkraft beträgt analog:

$$\Delta l_B = -\frac{F_V}{c_B}$$

Die Gesamtsteifigkeit der verspannten Bauteile, dies sind zwei Platten und die Scheibe, ergibt sich zu:

$$\frac{1}{c_B} = \sum \frac{1}{c_i} = \frac{1}{c_{p1}} + \frac{1}{c_{p2}} + \frac{1}{c_S}$$

$$\frac{1}{c_B} = \frac{1}{10^6 \text{ N/mm}} + \frac{1}{10^6 \text{ N/mm}} + \frac{1}{10^7 \text{ N/mm}} = 2{,}1 \cdot 10^{-6} \text{ mm/N}$$

$$c_B = 476190 \text{ N/mm}$$

Nach dem Anziehen müssen die Schraube sowie die Summe der Bauteile über die gleiche Gesamtlänge verfügen:

$$l_S + \Delta l_S = l_B + \Delta l_B$$

Damit lässt sich für die ursprüngliche Längendifferenz zwischen Bauteilen und Schraube Δl schreiben:

$$\Delta l = l_B - l_S = nP = \Delta l_S - \Delta l_B = F_V \left(\frac{1}{c_S} + \frac{1}{c_B} \right)$$

Umgestellt nach der Vorspannkraft ergibt sich für diese:

$$F_V = \frac{nP}{\dfrac{1}{c_S} + \dfrac{1}{c_B}}$$

$$F_V = \frac{\dfrac{30°}{360°} 1{,}5 \text{ mm}}{\dfrac{1}{3 \cdot 10^5 \text{ N/mm}} + \dfrac{1}{4{,}8 \cdot 10^5 \text{ N/mm}}} = 23 \text{ kN}$$

Teilaufgabe 2: Vorspannkraft nach der Temperaturerhöhung

Wird zusätzlich eine Temperaturerhöhung aufgebracht, so kann es zu einer unterschiedlichen Wärmedehnung von Bauteilen und Schraube kommen. Sind die Längenausdehnungskoeffizienten von Schraube und Platten unterschiedlich, so ist eine weitere Verspannung oder eine Entlastung die Folge.

Erweitert um die Terme der Längenänderungen infolge Temperatur ergeben sich die einzelnen Längenänderungen nun zu:

$$\Delta l_S = \frac{F_V}{c_S} + l_0 \alpha_S \Delta T$$

$$\Delta l_B = -\frac{F_V}{c_B} + l_0 \alpha_B \Delta T$$

Damit beträgt die ursprüngliche Längendifferenz:

$$l_B - l_S = nP = \Delta l_S - \Delta l_B = F_V \left(\frac{1}{c_S} + \frac{1}{c_B} \right) + l_0 \Delta T \left(\alpha_S - \alpha_B \right)$$

Die Vorspannkraft ergibt sich somit zu:

$$F_V = \frac{nP - l_0 \Delta T (\alpha_S - \alpha_B)}{\dfrac{1}{c_S} + \dfrac{1}{c_B}}$$

$$F_V = \frac{\dfrac{30°}{360°} 1,5 \text{ mm} - 44 \text{ mm} \cdot 100K (1,2 - 2,3) 10^{-5} K^{-1}}{\dfrac{1}{3 \cdot 10^5 \text{ N/mm}} + \dfrac{1}{4,8 \cdot 10^5 \text{ N/mm}}} = 32 \text{ kN}$$

Teilaufgabe 3: Modifizierter Anzugswinkel

Hier sind nun die gleichen Bedingungen gültig, wie zu Teilaufgabe 2. Allerdings wird nun die Anzahl der Anzugsumdrehungen n auf Grundlage der vorgegebenen Vorspannkraft F_V bestimmt.

$$n = \frac{F_V \left(\dfrac{1}{c_S} + \dfrac{1}{c_B} \right) + l_0 \Delta T (\alpha_S - \alpha_B)}{P}$$

$$n = \frac{23 \text{ kN} \left(\dfrac{1}{3 \cdot 10^5 \text{ N/mm}} + \dfrac{1}{4,8 \cdot 10^5 \text{ N/mm}} \right) + 44 \text{ mm} \cdot 100K (1,2 - 2,3) 10^{-5} K^{-1}}{1,5 \text{ mm}}$$

$$n = 0,0507 = 18,3°$$

3.5 Plattenverschraubung

3.5.1 Aufgabenstellung Plattenverschraubung

Es liegt eine Schraubenverbindung mit folgenden Daten vor:

Gewinde:	M8 × 1,25
Schraubenwerkstoff:	10.9
Gesamtdicke Platten:	32 mm
∅ Durchgangsbohrung:	9 mm
Plattenwerkstoff:	S235J2G3
Betriebskraft:	4,5 kN
Entlastete Klemmlänge:	20 mm
Mindestklemmkraft:	6 kN
Faktor a für Stahl:	10
Gesamtsetzbetrag:	10 μm
Gewindereibung:	0,1
Kopfreibung:	0,1
Auflagedurchmesser Schraubenkopf ∅:	12,33 mm
Mutternhöhe:	8 mm
Schaftlänge:	0,5 l_k

Die Verbindung ist streckgrenzengesteuert angezogen.

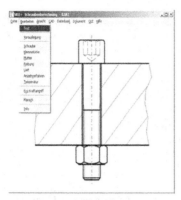

Bild 3.5-1:
Schraubenverbindung [Hexagon]

Bearbeitungspunkte:

Teilaufgabe 1:

Wie hoch ist die maximale Montagevorspannkraft F_{VM}?

Teilaufgabe 2:

Auf welchen Wert kann die Vorspannkraft F_V im Betrieb absinken?

Teilaufgabe 3:

Welches Anzugsdrehmoment M_A wird benötigt?

Teilaufgabe 4:

Halten Sie die maximale Schraubenkraft für akzeptabel?

Teilaufgabe 5:

Die Reibung im Gewinde und unter dem Schraubenkopf steigt jeweils auf $\mu = 0{,}16$ an. Kann die Mindestklemmkraft F_{KL} nach wie vor sichergestellt werden, wenn die maximale Schraubenspannung 90 % der Streckgrenze nicht überschreiten soll?

Teilaufgabe 6:

Ist die Schraube bei höherer Reibung stärker beansprucht?

Teilaufgabe 7:

Kann die Spannungsamplitude in der Schraube ertragen werden?

Zur Verfügung stehende Informationen:

Gewinde	Spannungsquerschnitt A_S in mm^2	Kernquerschnitt A_3 in mm^2	Schraubenkraft an der Streckgrenze $R_{p0.2}$ in N		
			8.8	10.9	12.9
M8 × 1,25	36,6	32,8	23400	34400	40300
M10 × 1,5	58	52,3	37100	54500	64000
M12 × 1,75	84,3	76,2	54000	79000	92500
M14 × 2	115	105	73500	108000	127000
M16 × 2	157	144	100000	148000	173000
M18 × 2,5	192	175	127000	180000	211000
M20 × 2,5	245	225	162000	230000	270000

Bild 3.5-2: Schraubendaten [ähnlich Esser, S.34]

Teilaufgabe 8:

Ist auch ein Anziehen mit einem Drehmomentenschlüssel eine denkbare Alternative?

Verschrau-bungsklasse	Streuung der Vorspannkräfte	Anzieh-faktor A	Anziehverfahren bei der Montage
I	entspricht der Streck-grenze der Schraube	1,0	Winkelkontrolliertes Anziehen Streckgrenzenkontrolliertes Anziehen
II	$\pm 20\,\%$	1,6	Drehmomentschlüssel Drehschrauber
III	$\pm 40\,\%$	2,5	Schlagschrauber mit Einstellkontrolle
IV	$\pm 60\,\%$	4,0	Schlagschrauber ohne Einstellkontrolle Anziehen von Hand

Bild 3.5-3: Anziehfaktoren [ähnlich Esser, S.29]

		Dauerhaltbarkeit $\pm\sigma_A$ in N/mm^2 für Gewindedurchmesser in mm			
		< 8	$8-12$	$14-20$	> 20
Festigkeits-klassen	4.6 und 5.6	50	40	35	35
	8.8 bis 12.9	60	50	40	35
	10.9 und 12.9 schlussgerollt	100	90	70	60

Bild 3.5-4: Dauerfestigkeitswerte [ähnlich Esser, S.21]

3.5.2 Mögliche Lösung zur Aufgabe Plattenverschraubung

Teilaufgabe 1:

Montagevorspannkraft:

$$F_{VM} = A\left\{(1-\phi)F_B + F_{Kl} + \Delta F_V\right\}$$

$$F_{VM} = A\left\{\left(1-\frac{n\,c_s}{c_s+c_p}\right)F_B + F_{Kl} + s\frac{c_s\,c_p}{c_s+c_p}\right\}$$

Schraubensteifigkeit:

$$\frac{1}{c_s} = \frac{0,5\,l_k}{E\,\frac{\pi}{4}d^2} + \frac{0,5\,l_k}{E\,\frac{\pi}{4}d_s^2} = \frac{2\,l_k}{E\,\pi}\left(\frac{1}{d^2}+\frac{1}{d_s^2}\right)$$

$$\frac{1}{c_s} = \frac{2\,(32\,\text{mm}+4\,\text{mm})}{2,1\cdot 10^5\,\text{N/mm}^2\,\pi}\left(\frac{1}{(8\,\text{mm})^2}+\frac{1}{(6,83\,\text{mm})^2}\right) = 4,04\cdot 10^{-6}\,\text{mm/N}$$

$$c_s = 0,25\cdot 10^6\,\text{N/mm}$$

Mittlerer Querschnitt des komprimierten Plattenvolumens:

$$D_A > 3\,d_a : \quad A_z \approx \frac{\pi}{4}\left\{\left(d_a + \frac{l_k}{a}\right)^2 - d_h^2\right\}$$

$$A_z \approx \frac{\pi}{4}\left\{\left(12{,}33 + \frac{36}{10}\right)^2 \text{mm}^2 - (9\text{ mm})^2\right\} = 135{,}7\text{ mm}^2$$

Plattensteifigkeit:

$$c_p = \frac{E\,A_z}{l_k} = \frac{2{,}1 \cdot 10^5 \text{ N/mm}^2\; 135{,}7\text{ mm}^2}{36\text{ mm}} = 0{,}79 \cdot 10^6\text{ N/mm}$$

Krafteinleitungsfaktor:

$$n = \frac{l_k'}{l_k} = \frac{20\text{ mm}}{36\text{ mm}} = 0{,}56$$

Streckgrenzenkontrolliertes Anziehen: A = 1,0

Montagevorspannkraft:

$$F_{VM} = 1{,}0\left\{\left(1 - \frac{0{,}56 \cdot 0{,}25 \cdot 10^6}{0{,}25 \cdot 10^6 + 0{,}79 \cdot 10^6}\right)4{,}5\text{kN} + 6\text{kN} + 10\mu\text{m}\frac{0{,}25 \cdot 10^6 \cdot 0{,}79 \cdot 10^6}{0{,}25 \cdot 10^6 + 0{,}79 \cdot 10^6}\frac{\text{N}}{\text{mm}}\right\} = 11{,}8\text{kN}$$

Teilaufgabe 2:

Im Betrieb kann die Vorspannkraft F_V bis auf die Restklemmkraft $F_{Kl} = 6$ kN absinken.

Teilaufgabe 3:

Anzugsmoment:

$$M_A = F_v\left\{\frac{d_2}{2}\tan(\varphi + \rho) + \mu_K\,r_m\right\}$$

Steigungswinkel:

$$\varphi = \arctan\frac{p}{\pi \cdot d_2} = \arctan\frac{1{,}25\text{ mm}}{\pi \cdot 7{,}188\text{ mm}} = 3{,}17°$$

$$M_A = 11{,}8\text{ kN}\left\{\frac{7{,}188\text{ mm}}{2}\tan(3{,}17° + 5{,}71°) + 0{,}1\frac{12{,}33\text{ mm} + 9\text{ mm}}{2}\right\}$$

$$M_A = 19{,}2\text{ Nm}$$

Teilaufgabe 4:

Maximale Schraubenkraft:

$$F_{S\,max} = F_{VM} + \phi\,F_B = 11{,}8\text{ kN} + \frac{0{,}56 \cdot 0{,}25}{0{,}25 + 0{,}79}4{,}5\text{ kN} = 12{,}4\text{ kN}$$

Maximale Zugspannung:

$$\sigma_{z\,max} = \frac{F_{S\,max}}{A_S} = \frac{12,4\ \text{kN}}{36,6\ \text{mm}^2} = 338,9\ \text{N/mm}^2$$

$$\sigma_{z\,max} = 338,9\ \text{N/mm}^2 < R_{p0,2} = 900\ \text{N/mm}^2$$

Teilaufgabe 5:

Haltbares Torsionsmoment aus der Kopfreibung:

$$M_T = F_V \cdot \mu_K \cdot r_m = 11,8\ \text{kN} \cdot 0,1 \cdot \frac{21,33\ \text{mm}}{2} = 12,6\ \text{Nm}$$

Torsionsmoment aus der Gewindereibung:

$$M_T = F_V \frac{d_2}{2} \tan(\varphi + \rho) = 11,8\ \text{kN} \frac{7,188\ \text{mm}}{2} \tan 8,88° = 6.6\ \text{Nm}$$

Dies bedeutet, das im Gewinde aufgebaute Torsionsmoment kann auf Dauer statisch in der Schraube gehalten werden.

Torsionsspannung:

$$\tau_t = \frac{M_T}{W_t} = \frac{6,6\ \text{Nm}}{\frac{\pi}{16}(8\ \text{mm})^3} = 65\ \text{N/mm}^2$$

Vergleichsspannung nach der GEH in der Schraube:

$$\sigma_V = \sqrt{\sigma_{max}^2 + 3\tau_{max}^2} = \sqrt{\left(339\ \text{N/mm}^2\right)^2 + 3\left(65\ \text{N/mm}^2\right)^2} = 357\ \text{N/mm}^2$$

$$\sigma_V < 90\%\ R_{p0,2} = 90\%\ 900\ \text{N/mm}^2 = 810\ \text{N/mm}^2$$

Teilaufgabe 6:

Bei höherer Reibung im Gewinde wird die Schraube stärker beansprucht, da zusätzlich zur Zugnormalspannung eine höhere Torsionsschubspannung auftritt.

Teilaufgabe 7:

Spannungsamplitude:

$$\sigma_a = \frac{\phi F_B}{2\ A_S} = \frac{\frac{n \cdot c_S}{c_S + c_p} F_B}{2\ A_S} = \frac{0,56 \cdot 0,25 \cdot 4,5\ \text{kN}}{(0,25 + 0,79)\ 2 \cdot 36,6\ \text{mm}^2} = 8,3\ \text{N/mm}^2$$

$$\sigma_a < \sigma_{a\,zul} = 50\ \text{N/mm}^2$$

Die Spannungsamplitude kann dauerfest ertragen werden.

Teilaufgabe 8:

Drehmomentschlüssel $\rightarrow A = 1,6 \rightarrow F_{VM} = 18,88$ kN $\rightarrow F_{S\,max} = 19,5$ kN $\rightarrow \sigma_{max} = 532$ N/mm$^2 \ll R_{p0,2} = 900$ N/mm^2.

Auch das Anziehen mit einem Drehmomentschlüssel ist möglich.

Anmerkung:

Das Anziehen einer Schraubenverbindung ist ein sehr sensibler Prozess. Da das erreichte Anzugsmoment sehr stark vom Anzugswerkzeug abhängt, ist dieses exakt vorzuschreiben und auch zu verwenden. Problematisch sind in diesem Zusammenhang Situationen zu sehen, in denen aus Unkenntnis ein ungeeignetes Werkzeug Verwendung findet. Für kritische Schraubenverbindungen sollten deshalb durch routiniertes Personal und geeignete Dokumentation an der Vermeidung von Problemfällen gearbeitet werden. Ein ähnlich großer Einflussfaktor wie das Werkzeug stellt die Schmierung der Schraubenverbindung dar. Diese sollte mit gleicher Aufmerksamkeit behandelt werden wir das Anzugswerkzeug.

3.6 Schraube mit Querkraft

3.6.1 Aufgabenstellung Schraube mit Querkraft

Eine Schraubenverbindung ist wie dargestellt ausgeführt.

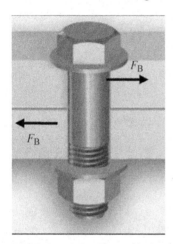

Bild 3.6-1: Schraubenverbindung mit Querkraft [ähnlich Tedata]

Daten:		
	Gewindeprofil	M24
	Flankendurchmesser	$d_2 = 22{,}051$ mm
	Kopfauflagedurchmesser	$D_A = 33{,}6$ mm
	Bohrungsdurchmesser	$D = 26$ mm
	Steigung	$p = 3$ mm
	Spannungsquerschnitt	$A_s = 353$ mm^2
	Schraubenwerkstoff	8.8
	Beanspruchungsgrenze	$\sigma_v / R_{p0{,}2} < 90\ \%$
	Vorspannkraftverlust	$\Delta F_v = 5000$ N
	Verspannungsfaktor	$\phi = 0{,}2$
	Anzugsfaktor	$A = 1{,}6$

Bearbeitungspunkt:

Welche horizontalen Betriebskräfte kann die Schraubenverbindung in Abhängigkeit von den Gleitreibbeiwerten im Gewinde und zwischen den Platten aufnehmen? Gehen Sie in der Untersuchung von einem Spektrum der Reibbeiwerte von 0,05 bis 0,3 aus.

3.6.2 Mögliche Lösung zur Aufgabe Schraube mit Querkraft

Teilaufgabe 1: Maximale Betriebskraft

Maximale Schraubenkraft:

$$F_{smax} = A\big((1-\phi)F_B + \Delta F_V + F_{Kl}\big) + \phi\, F_B$$

Es liegt keine axiale Betriebskraft vor.

$$F_{smax} = A(\Delta F_V + F_{Kl})$$

Maximales Torsionsmoment:

$$M_T = F_V \frac{d_2}{2}\tan(\varphi+\rho)$$

Bedingung:

$$\sqrt{\sigma^2 + 3\tau^2} < 90\%\, R_{p0,2}$$

$$\sqrt{\left(\frac{A(\Delta F_V + F_{Kl})}{A_S}\right)^2 + 3\left(\frac{A(\Delta F_V + F_{Kl})\frac{d_2}{2}\tan(\varphi+\rho)}{\frac{\pi}{16}d^3}\right)^2} < 90\%\, R_{p0,2}$$

$$F_B < \mu_{Pl}\, F_{Kl}$$

$$F_B < \left(\frac{90\%\, R_{p0,2}}{A(\Delta F_V + F_{Kl})\sqrt{\left(\frac{1}{A_S}\right)^2 + 3\left(\frac{\frac{d_2}{2}\tan(\varphi+\rho)}{\frac{\pi}{16}d^3}\right)^2}} - \Delta F_V\right)\mu_{Pl}$$

Wie die folgenden Grafiken zeigen, ist die übertragbare Querkraft deutlich stärker von der Reibung zwischen den Platten als von der Reibung im Gewinde abhängig. Deshalb ist es bei der Ausführung einer solchen Schraubenverbindung von erheblicher Bedeutung, den in der Auslegung zugrunde gelegten Reibwert zwischen den Platten auch praktisch sicherzustellen.

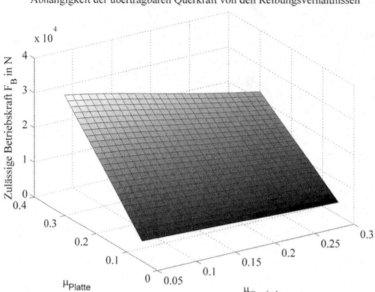

Bild 3.6-2: Abhängigkeit der übertragbaren Querkraft von den Reibungsverhältnissen

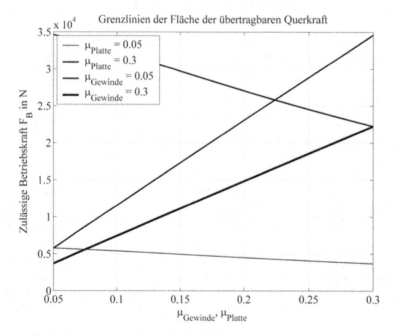

Bild 3.6-3: Grenzlinien der Fläche der übertragbaren Querkraft

3.7 Schraubenreibung

3.7.1 Aufgabenstellung Schraubenreibung

Eine Schraubenverbindung ist wie dargestellt ausgeführt.

Bild 3.7-1: Schraubenverbindung [Tedata]

Daten:		
	Gewindeprofil	M24
	Flankendurchmesser	$d_2 = 22{,}051$ mm
	Kopfauflagedurchmesser	$D_A = 33{,}6$ mm
	Bohrungsdurchmesser	$D = 26$ mm
	Steigung	$p = 3$ mm
	Spannungsquerschnitt	$A_s = 353$ mm^2
	Schraubenwerkstoff	8.8
	Vorspannkraftverlust	$\Delta F_v = 5000$ N
	Verspannungsfaktor	$\phi = 0{,}2$
	Anzugsfaktor	$A = 1{,}6$

Bearbeitungspunkt:

Ermitteln Sie, welcher Anteil des aufgebrachten Anzugsmomentes durch die Kopfreibung verloren geht und somit nicht für das Vorspannen der Schraube zur Verfügung steht. Gehen Sie dabei für die Gewindereibung und für die Kopfreibung von einem Spektrum von $\mu = 0{,}05 - 0{,}3$ aus.

3.7.2 Mögliche Lösung zur Aufgabe Schraubenreibung

Schraubenanzugsmoment:

$$M_{A/L} = F_v \left\{ \frac{d_2}{2} \tan(\varphi \pm \rho) + \mu_K \, r_m \right\}$$

Absoluter Anteil der Kopfreibung:

$$M_{A/L} = F_v \cdot \mu_K \cdot r_m$$

Damit beträgt der relative Anteil der Kopfreibung:

$$AK = \frac{\mu_K \, r_m}{\dfrac{d_2}{2} \tan(\varphi \pm \rho) + \mu_K \, r_m}$$

mit dem mittleren Durchmesser der Kopfauflage:

$$r_m = \frac{1}{4}(D + D_A) = \frac{1}{4}(26 \text{ mm} + 33{,}6 \text{ mm}) = 14{,}9 \text{ mm}$$

$$AK = \frac{1}{1 + \dfrac{11{,}0 \text{ mm}}{14{,}9 \text{ mm}} \dfrac{\tan\left(2{,}48° + \arctan(0{,}05...0{,}3)_{\text{Gewinde}}\right)}{(0{,}05...0{,}3)_{\text{Kopf}}}}$$

Wie die Bilder 3.7-2 und 3.7-3 zeigen, tritt wie zu Erwarten der höchste relative Kopfrei-bungsverlust dann auf, wenn die Gewindereibung niedrig und die Kopfreibung hoch ausfallen. Gering ist hingegen der Kopfreibungsverlust bei hoher Gewindereibung und entsprechend geringer Kopfreibung.

Anmerkung:

Es ist zu beachten, dass die hier ermittelten Daten relative Aussagen sind. Mit dem Punkt der niedrigsten relativen Kopfreibung ist nicht die Situation erfasst, in der absolut das niedrigste Anzugsmoment aufzu-bringen ist. Diese Situation tritt dann auf, wenn Kopfreibung und Gewindereibung ihr jeweils geringstes Niveau einnehmen.

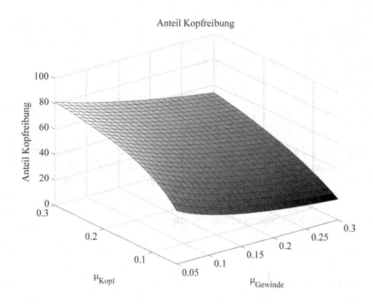

Bild 3.7-2: Anteil der Kopfreibung

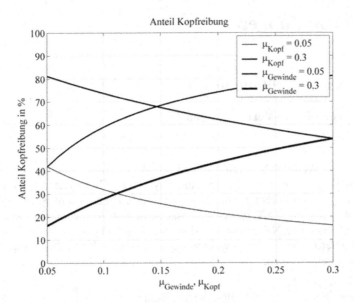

Bild 3.7-3: Grenzlinien des Anteils der Kopfreibung

4 Welle-Nabe-Verbindungen

4.1 Vergleich Welle-Nabe-Verbindungen 1

4.1.1 Aufgabenstellung Welle-Nabe-Verbindungen 1

Teilaufgabe 1:

Bestimmen Sie für die folgenden Welle-Nabe-Verbindungen (WNV) das maximal übertragbare Drehmoment bei einer Sicherheit von $S = 1,25$ gegenüber typischen Grenzwerten für die Flächenpressung (Kegelsitz: $p_{zul} = 80$ N/mm^2). Das zu übertragende Drehmoment ist wechselnd und leicht stoßbehaftet. Bei allen WNV ist der maximal verfügbare Wellendurchmesser $d_W = 50$ mm, die für die WNV nutzbare Nabenlänge $l = 100$ mm. Sämtliche Werkstücke sind aus einem Vergütungsstahl gefertigt. Für Haftreibverbindungen kann ein übertragbarer Haftreibwert von $\mu_H = 0,1$ vorausgesetzt werden.

a) Passfederverbindung nach DIN 6885
b) Keilwellenverbindung nach DIN 5461 mit 8 Keilen (leichte Reihe)
c) Kegelsitzverbindung (Kegel 1:10)

Teilaufgabe 2:

Ordnen Sie die drei WNV den potentiellen Einsatzfällen zu:

a) Verbindung von Seiltrommel und Trommelwelle
b) Befestigung eines Bohrers in einer Arbeitsspindel
c) Fixierung eines Zahnrades auf einer Getriebewelle

Anzahl Keile			8						
Innendurchmesser d		32	36	42	46	52	56	62
Leichte Reihe	Außend. D_1	36	40	46	50	58	62	68
	Keilbreite B	6	7	8	9	10	10	12
Mittlere Reihe	Außend. D_1	38	42	48	54	60	65	72
	Keilbreite B	6	7	8	9	10	10	12

Bild 4.1-1: Keilwellenverbindung nach DIN 5461 [ähnlich Hoischen, S.302]

Wellen ϕ über	10	12	17	22	30	38	44	50	58	65	75	85
bis	12	17	22	30	38	44	50	58	65	75	85	95
Passfederbreite	4	5	6	8	10	12	14	16	18	20	22	25
Passfederhöhe	4	5	6	7	8	8	9	10	11	12	14	14
Wellennuttiefe	2,5	3,0	3,5	4,0	5,0	5,0	5,5	6,0	7,0	7,5	9,0	9,0
Nabennuttiefe mit Rückenspiel	1,8	2,3	2,8	3,3	3,3	3,3	3,8	4,3	4,4	4,9	5,4	5,4
Passfederlängen	6 8 10 12 14 16 18 20 22 25 28 32 36 40 45 50 56 63 70 80 90 100 110 125 140 160 180 200 220 250 280 320 360 400											

Bild 4.1-2: Passfederverbindung nach DIN 6885-1 [ähnlich Hoischen, S.300]

Grundwert p_0 in N/mm^2 bei Naben aus						
Stahl Stahlguss	Grau-guss	Temper-guss	Bronze Messing	AlCuMg-Leg. ausgehärtet	AlMg-, AlMn-, AlMgS-Leg. ausgehärtet	AlSi-Gussleg. AlSiMg-Gussleg.
150	90	110	50	100	90	70

Zul. Flankenpressung p_{zul} in N/mm^2					
Beanspruchung	Nutkeile Polygonwellen	Tangentkeile	Hohlkeile	Flachkeile	Passfedern Keilwellen Zahnwellen
einseitig, ruhend	$1,1\,p_0$	–	$0,15\,p_0$	$0,17\,p_0$	$0,8\,p_0$
einseitig, leichte Stöße	$1,0\,p_0$	$1,4\,p_0$	$0,15\,p_0$	$0,17\,p_0$	$0,7\,p_0$
einseitig, starke Stöße	$0,75\,p_0$	$1,2\,p_0$	$0,1\,p_0$	$0,11\,p_0$	$0,6\,p_0$
wechselnd, leichte Stöße	$0,6\,p_0$	$1,0\,p_0$	–	–	$0,45\,p_0$
wechselnd, starke Stöße	$0,45\,p_0$	$0,7\,p_0$	–	–	$0,25\,p_0$

Bild 4.1-3: Zulässige Flächenpressungen von Welle-Nabe-Verbindungen [ähnlich Kabus, S.71]

4.1.2 Mögliche Lösung zur Aufgabe Welle-Nabe-Verbindungen 1

Teilaufgabe 1: Drehmomente

Passfederverbindung:

Wellendurchmesser 50 mm:

Passfeder nach DIN 6885, Teil 1 mit $b = 14$ mm, $h = 9$ mm, $t_1 = 5,5$ mm

Die tragende Länge beträgt: $l_{tr} = l_{Nabe} - b = 100$ mm $- 14$ mm $= 86$ mm

$$p_{vorh} = \frac{2\,M_t}{d(h-t_1)l_{tr}} < \frac{p_{zul}}{S}$$

$$M_t < \frac{p_{zul}d(h-t_1)l_{tr}}{2\,S} = \frac{0,45 \cdot 150 \text{ N/mm}^2\, 50 \text{ mm} (9-5,5) \text{ mm } 86 \text{ mm}}{2 \cdot 1,25} = 407 \text{ Nm}$$

Keilwellenverbindung:

Keilwelle nach DIN 5461 mit 8 Keilen, leichte Reihe, $d_1 = 46$ mm, $d_2 = 50$ mm

$$p_{vorh} = \frac{2\,M_t}{d_m \cdot h' \cdot l_{tr} \cdot z \cdot \varphi} < \frac{p_{zul}}{S} \text{ mit}$$

$$h' = \frac{d_2 - d_1}{2} = \frac{50 \text{ mm} - 46 \text{ mm}}{2} = 2 \text{ mm}$$

$$d_m = \frac{d_1 + d_2}{2} = \frac{46 \text{ mm} + 50 \text{ mm}}{2} = 48 \text{ mm}$$

Es können 75 % der Keile als tragend angenommen werden: $z = 0,75$

$$M_t < \frac{p_{zul} \cdot d_m \cdot h' \cdot l_{tr} \cdot z \cdot \varphi}{2 \cdot S}$$

$$M_t < \frac{0,45 \cdot 150 \text{ N/mm}^2 \cdot 48 \text{ mm} \cdot 2 \text{ mm} \cdot 100 \text{ mm} \cdot 8 \cdot 0,75}{2 \cdot 1,25} = 1557 \text{ Nm}$$

Kegelverbindung:

Gewählt: Kegel 1:10 → Durchmesserdifferenz über 100 mm Länge: 10 mm

Öffnungswinkel:

$$\alpha = \arctan \frac{10 \text{ mm}}{100 \text{ mm}} = 5,72°$$

Mittlerer Durchmesser:

$$d_m = \frac{1}{2}(50 \text{ mm} + 40 \text{ mm}) = 45 \text{ mm}$$

$$p_{vorh} = \frac{2 M_t}{d_m \cdot \mu_0 \cdot d_m \cdot \pi \cdot l_{tr}} < \frac{p_{zul}}{S}$$

$$M_t < \frac{p_{zul} \cdot d_m^2 \cdot \mu_0 \cdot \pi \cdot l_{tr}}{2 \cdot S}$$

$$M_t < \frac{80 \text{ N/mm}^2 \cdot (45 \text{ mm})^2 \cdot 0,1 \cdot \pi \cdot 100 \text{ mm}}{2 \cdot 1,25} = 2035 \text{ Nm}$$

Anmerkung:

Für alle Nachweise ist die zulässige Flächenpressung in den jeweiligen Welle-Nabe-Verbindungen als Maßstab herangezogen worden. Natürlich sind kritische Querschnitte der Welle und/oder Nabe darüber hinaus nachzuweisen.

Teilaufgabe 2: Zuordnung der Verbindungstechniken zu Anwendungsfällen

Die Befestigung des Bohrers in einer Arbeitsspindel bietet sich über einen Kegelsitz an. Mit diesem sind eine schnelle Montage und Demontage möglich. Hierdurch wird ein schneller Werkzeugwechsel begünstigt.

Im Vergleich von Zahnrad und Seiltrommel ist festzustellen, dass über eine Seiltrommel im Allgemeinen deutlich höhere Drehmomente übertragen werden. Insofern bietet es sich an, an der Seiltrommel die Keilwellenverbindung und an dem Zahnrad die Passfederverbindung vorzusehen.

Anmerkung:

Betrachten wir nochmals die Fähigkeit zur Drehmomentenübertragung der drei alternativen Welle-Nabe-Verbindungen (WNV). Im Vergleich von Passfeder und Keilwelle fällt auf, dass das übertragbare Drehmoment der Keilwelle lediglich das Vierfache der Passfederverbindung beträgt. Dies mag überraschen, da die Keilwelle über acht statt nur einem Element zur formschlüssigen Übertragung von Drehmomenten verfügt. Neben der hier etwas geringer angesetzten zulässigen Flächenpressung ist dies vor allem zwei Einflüssen geschuldet. Zum einen ist das Profil der Keile deutlich niedriger als das der Passfeder. Somit steht pro Element eine geringere Fläche zur Pressungsübertragung zur Verfügung. Darüber hinaus wirkt sich bei der Keilwelle negativ aus, dass nicht alle Keile voll tragend angesetzt werden. Dies resultiert aus den zwangsläufig vorhandenen geometrischen Ungenauigkeiten und der damit vorliegenden ungleichen Belastung der einzelnen Keile über den Umfang.

Beeindruckend ist, dass der Kegelsitz die größte Leistungsfähigkeit besitzt. Reibschlüssige Verbindungen sind sehr leistungsfähig insofern es gelingt, Flächenpressungen über große Flächen einzuleiten und die erforderlichen Reibbeiwerte sicherzustellen. Hieraus ergeben sich erhöhte Anforderungen an die Fertigungsgenauigkeit der Sitze und die Betriebsumgebung der WNV.

4.2 Kegelpressverband

4.2.1 Aufgabenstellung Kegelpressverband

Es wurde ein Kegelsitz (Kegelverhältnis 10:1) an einer Welle mit einem Durchmesser $d_w = 50$ mm für eine Nabe mit einer Breite von $l = 100$ mm ausgelegt. Die zulässige Flächenpressung war für dynamische Belastung mit $p_{zul} = 80$ N/mm^2 begrenzt. Für den Haftreibbeiwert konnte $\mu_H = 0,1$ vorausgesetzt werden.

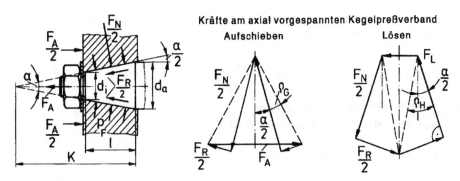

Bild 4.2-1: Kegelpressverband [INA, S.208]

Teilaufgabe 1:

Welche Vorspannkraft ist zum Erreichen der zul. Flächenpressung erforderlich?

Teilaufgabe 2:

Wie groß ist die Lösekraft für die Verbindung?

Teilaufgabe 3:

Bei welchem Kegelverhältnis bzw. Kegelwinkel ist keine Lösekraft für die Verbindung erforderlich?

Teilaufgabe 4:

Ermitteln Sie überschlägig, ob die axiale Vorspannkraft des Kegelsitzes mit einer Mutter geeigneten Durchmessers erreicht werden kann.

Teilaufgabe 5:

Weshalb ist die Kombination von Kegelpressverband und Passfederverbindung nicht sinnvoll?

4.2.2 Mögliche Lösung zur Aufgabe Kegelpressverband

Teilaufgabe 1: Schraubenvorspannkraft

Vorspannkraft zum Erreichend er zulässigen Flächenpressung:

$$F_A = F_N \left(\sin \frac{\alpha}{2} + \mu \cos \frac{\alpha}{2} \right) = \frac{p_F \cdot d_m \cdot \pi \cdot l}{\cos \frac{\alpha}{2}} \left(\sin \frac{\alpha}{2} + \mu \cos \frac{\alpha}{2} \right)$$

$$F_A = p_F \cdot d_m \cdot \pi \cdot l \left(\tan \frac{\alpha}{2} + \mu \right)$$

$$F_A = 80 \text{ N/mm}^2 \cdot 45 \text{ mm} \cdot \pi \cdot 100 \text{ mm} \left(\tan \frac{5,72°}{2} + 0,1 \right) = 169 \text{ kN}$$

Teilaufgabe 2: Schraubenlösekraft

Lösekraft der Verbindung:

$$F_L = F_N \left(\sin \frac{\alpha}{2} - \mu \cos \frac{\alpha}{2} \right) = \frac{p_F \cdot d_m \cdot \pi \cdot l}{\cos \frac{\alpha}{2}} \left(\sin \frac{\alpha}{2} - \mu \cos \frac{\alpha}{2} \right)$$

$$F_L = p_F \cdot d_m \cdot \pi \cdot l \left(\tan \frac{\alpha}{2} - \mu \right)$$

$$F_A = 80 \text{ N/mm}^2 \cdot 45 \text{ mm} \cdot \pi \cdot 100 \text{ mm} \left(\tan \frac{5,72°}{2} - 0,1 \right) = -56 \text{ kN}$$

Teilaufgabe 3: Übergang zur Selbsthemmung

Kegelwinkel, bei dem keine Lösekraft erforderlich ist:

$$F_L = F_N \left(\sin \frac{\alpha}{2} - \mu \cos \frac{\alpha}{2} \right) = 0$$

$$\tan \frac{\alpha}{2} = \mu$$

$$\alpha = 2 \cdot \arctan \mu = 2 \cdot \arctan 0,1 = 11,42°$$

Teilaufgabe 4: Geeigneter Mutterndurchmesser

Mit einer Schraube/Mutter M 30, 8.8 kann eine Vorspannkraft von 291 kN erzielt werden. Bei geeigneter Ausführung z.B. zur Begrenzung der Setzverluste sollte dies hinreichend sein, um die Vorspannkraft der Kegelverbindung zu realisieren.

Teilaufgabe 5: Parallelschaltung von reib- und formschlüssiger Verbindung

Bei der Montage des Kegelsitzes werden die übertragbaren Haftreibungskräfte voll in Längs-richtung der Verbindung aufgebaut. Tritt nun ein höheres Drehmoment auf, gerät die Verbin-dung nochmals ins Gleiten und findet unter axialer und rotatorischer Bewegung eine neue Position. Wird eine formschlüssige Verbindung kombiniert, wird durch diese das beschriebene Setzverhalten unterbunden und das Drehmoment zu größten Teil alleine durch die formschlüs-sige Verbindung übertragen. Dies wäre allerdings nicht die Absicht der Kombination.

Anmerkung:

Wie den Ergebnissen zu entnehmen ist, ist je nach Auslegung des Kegelsitzes eine erhebliche Kraft zum Lösen der Verbindung erforderlich. Diese kann sogar noch größer Ausfallen, wenn Korrosionserscheinungen zum Wirken kommen. Dies sollte im Zusammenhang mit einer Produktentwicklung berücksichtigt werden. Es ist zu Überlegen, zu welchen Zeiten und unter welchen Bedingungen die Verbindung zu lösen ist. Widrige Bedingungen wie beengte Platzverhältnisse, enge verfügbare Zeitfenster oder nicht verfügbares Werkzeug können erhebliche Konsequenzen haben.

4.3 Vergleich Welle-Nabe-Verbindungen 2

4.3.1 Aufgabenstellung Welle-Nabe-Verbindungen 2

Für einen Wellendurchmesser von $d_w = 50$ mm wurde festgestellt, dass eine Kegelsitzverbindung sehr hohe Drehmomente überträgt, und eine Passfederverbindung eher für kleine Drehmomente geeignet ist.

Bestimmen Sie für die folgenden Welle-Nabe-Verbindungen das maximal übertragbare Drehmoment bei einer Sicherheit von $S = 1,25$ unter der Annahme, dass keine konstante Belastung vorliegt. Ermitteln Sie die Drehmomente für Wellendurchmesser von $d_w = 20$ mm bis $d_w = 60$ mm und maximale Nabenlängen von $l = 1,5\ d_w$.

Sämtliche Werkstücke sind aus Stahl mit einer zulässigen Flächenpressung für dynamische Belastung von $p_{zul} = 80$ N/mm^2 gefertigt. Für Haftreibverbindungen kann ein übertragbarer Haftreibwert von $\mu_H = 0,1$ vorausgesetzt werden.

1. Passfederverbindung nach DIN 6885
2. Keilwellenverbindung nach DIN 5461 – mittlere Reihe
3. Kegelsitzverbindung (Kegel 1:10)

Wellen ⌀ über	10	12	17	22	30	38	44	50	58	65	75	85
bis	12	17	22	30	38	44	50	58	65	75	85	95
Passfederbreite	4	5	6	8	10	12	14	16	18	20	22	25
Passfederhöhe	4	5	6	7	8	8	9	10	11	12	14	14
Wellennuttiefe	2,5	3,0	3,5	4,0	5,0	5,0	5,5	6,0	7,0	7,5	9,0	9,0
Nabennuttiefe mit Rückenspiel	1,8	2,3	2,8	3,3	3,3	3,3	3,8	4,3	4,4	4,9	5,4	5,4
Passfederlängen	6 8 10 12 14 16 18 20 22 25 28 32 36 40 45 50 56 63 70 80 90 100 110 125 140 160 180 200 220 250 280 320 360 400											

Bild 4.3-1: Passfederverbindung nach DIN 6885-1 [ähnlich Hoischen, S.300]

Anzahl Keile		6					8				
Innendurchmesser d		16	18	21	23	26	28	32	36	42	46	52
Leichte Reihe	Außend. D_1				26	30	32	36	40	46	50	58
	Keilbreite B				6	6	7	6	7	8	9	10
Mittlere Reihe	Außend. D_1	20	22	25	28	32	34	38	42	48	54	60
	Keilbreite B	4	5	5	6	6	7	6	7	8	9	10

Bild 4.3-2: Keilwellenverbindung nach DIN 5461 [ähnlich Hoischen, S.302]

4.3.2 Mögliche Lösung zur Aufgabe Welle-Nabe-Verbindungen 2

Passfederverbindung:

Übertragbares Drehmoment:

$$M_t < \frac{p_{zul} d (h - t_1) l_{tr}}{2 S} = \frac{80 \text{ N/mm}^2}{2 \cdot 1,25} d (h - t_1) l_{tr}$$

Wellendurchmesser > 20 – 22 mm:

$$M_t \leq \frac{80 \text{ N/mm}^2}{2 \cdot 1,25} d (6 \text{ mm} - 3,5 \text{ mm}) \, 22 \text{ mm}$$

Ab 21,3 mm:

$$M_t \leq \frac{80 \text{ N/mm}^2}{2 \cdot 1,25} d (6 \text{ mm} - 3,5 \text{ mm}) \, 26 \text{ mm}$$

Wellendurchmesser > 22 – 30 mm:

$$M_t \leq \frac{80 \text{ N/mm}^2}{2 \cdot 1,25} d (7 \text{ mm} - 4 \text{ mm}) \, 24 \text{ mm}$$

Ab 24,0 mm:

$$M_t \leq \frac{80 \text{ N/mm}^2}{2 \cdot 1,25} d (7 \text{ mm} - 4 \text{ mm}) \, 28 \text{ mm}$$

Ab 26,6 mm:

$$M_t \leq \frac{80 \text{ N/mm}^2}{2 \cdot 1,25} d (7 \text{ mm} - 4 \text{ mm}) \, 32 \text{ mm}$$

Ab 30,0 mm:

$$M_t \leq \frac{80 \text{ N/mm}^2}{2 \cdot 1,25} d (7 \text{ mm} - 4 \text{ mm}) \, 37 \text{ mm}$$

Wellendurchmesser > 30 – 38 mm:

$$M_t \leq \frac{80 \text{ N/mm}^2}{2 \cdot 1,25} d (8 \text{ mm} - 5 \text{ mm}) \, 35 \text{ mm}$$

Ab 33,3 mm:

$$M_t \leq \frac{80 \text{ N/mm}^2}{2 \cdot 1,25} d (8 \text{ mm} - 5 \text{ mm}) \, 40 \text{ mm}$$

Ab 37,3 mm:

$$M_t \leq \frac{80 \text{ N/mm}^2}{2 \cdot 1,25} d (8 \text{ mm} - 5 \text{ mm}) \, 46 \text{ mm}$$

Wellendurchmesser > 38 – 44 mm:

$$M_t \leq \frac{80 \text{ N/mm}^2}{2 \cdot 1,25} d (8 \text{ mm} - 5 \text{ mm}) \, 44 \text{ mm}$$

Ab 42,0 mm:

$$M_t \leq \frac{80 \text{ N/mm}^2}{2 \cdot 1,25} d \left(8 \text{ mm} - 5 \text{ mm}\right) 51 \text{ mm}$$

Wellendurchmesser > 44 − 50 mm:

$$M_t \leq \frac{80 \text{ N/mm}^2}{2 \cdot 1,25} d \left(9 \text{ mm} - 5,5 \text{ mm}\right) 49 \text{ mm}$$

Ab 46,6 mm:

$$M_t \leq \frac{80 \text{ N/mm}^2}{2 \cdot 1,25} d \left(9 \text{ mm} - 5,5 \text{ mm}\right) 56 \text{ mm}$$

Wellendurchmesser > 50 − 58 mm:

$$M_t \leq \frac{80 \text{ N/mm}^2}{2 \cdot 1,25} d \left(10 \text{ mm} - 6 \text{ mm}\right) 54 \text{ mm}$$

Ab 53,3 mm:

$$M_t \leq \frac{80 \text{ N/mm}^2}{2 \cdot 1,25} d \left(10 \text{ mm} - 6 \text{ mm}\right) 64 \text{ mm}$$

Wellendurchmesser > 58 − 60 mm:

$$M_t \leq \frac{80 \text{ N/mm}^2}{2 \cdot 1,25} d \left(11 \text{ mm} - 7 \text{ mm}\right) 62 \text{ mm}$$

Ab 60,0 mm:

$$M_t \leq \frac{80 \text{ N/mm}^2}{2 \cdot 1,25} d \left(11 \text{ mm} - 7 \text{ mm}\right) 72 \text{ mm}$$

Keilwellenverbindung:

Übertragbares Drehmoment:

$$M_t < \frac{p_{\text{zul}} \cdot d_m \cdot h' \cdot l_{\text{tr}} \cdot z \cdot \varphi}{2 \cdot S} = \frac{80 \text{ N/mm}^2 \cdot 1,5 \cdot 0,75}{2 \cdot 1,25} d \cdot d_m \cdot h' \cdot z$$

ab 20,0 mm:

$$M_t < \frac{p_{\text{zul}} \cdot d_m \cdot h' \cdot l_{\text{tr}} \cdot z \cdot \varphi}{2 \cdot S} = \frac{80 \text{ N/mm}^2 \cdot 1,5 \cdot 0,75}{2 \cdot 1,25} 20 \text{ mm} \cdot 18 \text{ mm} \cdot 2 \text{ mm} \cdot 6$$

ab 22,0 mm:

$$M_t < \frac{p_{\text{zul}} \cdot d_m \cdot h' \cdot l_{\text{tr}} \cdot z \cdot \varphi}{2 \cdot S} = \frac{80 \text{ N/mm}^2 \cdot 1,5 \cdot 0,75}{2 \cdot 1,25} 22 \text{ mm} \cdot 20 \text{ mm} \cdot 2 \text{ mm} \cdot 6$$

ab 25,0 mm:

$$M_t < \frac{p_{\text{zul}} \cdot d_m \cdot h' \cdot l_{\text{tr}} \cdot z \cdot \varphi}{2 \cdot S} = \frac{80 \text{ N/mm}^2 \cdot 1,5 \cdot 0,75}{2 \cdot 1,25} 25 \text{ mm} \cdot 23 \text{ mm} \cdot 2 \text{ mm} \cdot 6$$

ab 28,0 mm:

$$M_t < \frac{p_{zul} \cdot d_m \cdot h' \cdot l_{tr} \cdot z \cdot \varphi}{2 \cdot S} = \frac{80 \text{ N/mm}^2 \cdot 1,5 \cdot 0,75}{2 \cdot 1,25} 28 \text{ mm} \cdot 25,5 \text{ mm} \cdot 2,5 \text{ mm} \cdot 6$$

ab 32,0 mm:

$$M_t < \frac{p_{zul} \cdot d_m \cdot h' \cdot l_{tr} \cdot z \cdot \varphi}{2 \cdot S} = \frac{80 \text{ N/mm}^2 \cdot 1,5 \cdot 0,75}{2 \cdot 1,25} 32 \text{ mm} \cdot 29 \text{ mm} \cdot 3 \text{ mm} \cdot 6$$

ab 34,0 mm:

$$M_t < \frac{p_{zul} \cdot d_m \cdot h' \cdot l_{tr} \cdot z \cdot \varphi}{2 \cdot S} = \frac{80 \text{ N/mm}^2 \cdot 1,5 \cdot 0,75}{2 \cdot 1,25} 34 \text{ mm} \cdot 31 \text{ mm} \cdot 3 \text{ mm} \cdot 6$$

ab 38,0 mm:

$$M_t < \frac{p_{zul} \cdot d_m \cdot h' \cdot l_{tr} \cdot z \cdot \varphi}{2 \cdot S} = \frac{80 \text{ N/mm}^2 \cdot 1,5 \cdot 0,75}{2 \cdot 1,25} 38 \text{ mm} \cdot 35 \text{ mm} \cdot 3 \text{ mm} \cdot 8$$

ab 42,0 mm:

$$M_t < \frac{p_{zul} \cdot d_m \cdot h' \cdot l_{tr} \cdot z \cdot \varphi}{2 \cdot S} = \frac{80 \text{ N/mm}^2 \cdot 1,5 \cdot 0,75}{2 \cdot 1,25} 42 \text{ mm} \cdot 39 \text{ mm} \cdot 3 \text{ mm} \cdot 8$$

ab 48,0 mm:

$$M_t < \frac{p_{zul} \cdot d_m \cdot h' \cdot l_{tr} \cdot z \cdot \varphi}{2 \cdot S} = \frac{80 \text{ N/mm}^2 \cdot 1,5 \cdot 0,75}{2 \cdot 1,25} 48 \text{ mm} \cdot 45 \text{ mm} \cdot 3 \text{ mm} \cdot 8$$

ab 54,0 mm:

$$M_t < \frac{p_{zul} \cdot d_m \cdot h' \cdot l_{tr} \cdot z \cdot \varphi}{2 \cdot S} = \frac{80 \text{ N/mm}^2 \cdot 1,5 \cdot 0,75}{2 \cdot 1,25} 54 \text{ mm} \cdot 50 \text{ mm} \cdot 4 \text{ mm} \cdot 8$$

ab 60,0 mm:

$$M_t < \frac{p_{zul} \cdot d_m \cdot h' \cdot l_{tr} \cdot z \cdot \varphi}{2 \cdot S} = \frac{80 \text{ N/mm}^2 \cdot 1,5 \cdot 0,75}{2 \cdot 1,25} 60 \text{ mm} \cdot 56 \text{ mm} \cdot 4 \text{ mm} \cdot 8$$

Kegelverbindung:

Übertragbares Drehmoment:

$$M_t < \frac{p_{zul} \cdot d_m^2 \cdot \mu_0 \cdot \pi \cdot l_{tr}}{2 \cdot S} = \frac{80 \text{ N/mm}^2 \cdot 0,1 \cdot \pi \cdot 1,5}{2 \cdot 1,25} \left(d(1-0,15) \right)^3$$

Die übertragbaren Drehmomente der drei Ausführungsvarianten im Vergleich:

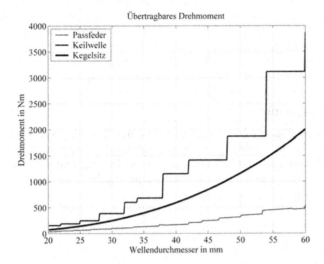

Bild 4.3-3: Übertragbares Drehmoment verschiedener Welle-Nabe-Verbindungen

5 Lagerungen

5.1 Wellenlagerung

5.1.1 Aufgabenstellung Wellenlagerung

Die dargestellte Welle wird durch eine über die Länge mittig angreifende Radiallast von $F_R = 29$ kN statisch belastet. Auszulegen ist die Lagerung der Welle, die an den Lagersitzstellen über 30 mm Durchmesser verfügt. Der Bauraum im Gehäuse ist an der Lagerstelle A auf 55 mm Durchmesser begrenzt. An der Lagerstelle B ist der Bauraum praktisch nicht begrenzt.

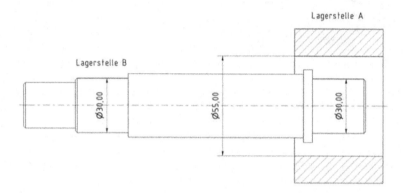

Bild 5.1-1: Ausschnitt von zu lagernder Welle und Gehäuse

Wellensysteme wie dieses kommen in vielen Anwendungen zum Einsatz. Z.B. auch in dem in Bild 5.1-2 gezeigten Generator einer Windkraftanlage.

Bild 5.1-2: Welle inkl. Lagerung eines Generators für eine Windkraftanlage [FAG]

Bearbeitungspunkte:

Teilaufgabe 1:

Wählen Sie für die Seiten A und B je ein Lager unter der Voraussetzung aus, dass jedes Lager mindestens 2 Mio. Umdrehungen nominell ertragen soll und ferner im Betrieb auf die Welle auch geringe Axialkräfte auftreten können. Als Lager stehen die im Bild 5.1-3 dargestellten Rillenkugellager bzw. Zylinderrollenlager zur Verfügung.

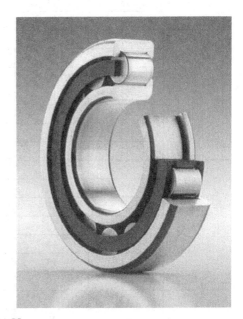

Bild 5.1-3: Rillenkugellager und Zylinderrollenlager [FAG]

Teilaufgabe 2:

Wie viele Betriebsstunden ertragen die ausgewählten Lager, wenn die Welle zu 65 % der Zeit mit 750 min^{-1} und zu 35 % der Zeit mit 500 min^{-1} läuft?

Teilaufgabe 3:

Wie groß darf im Betrieb die auftretende Axialkraft auf die Welle sein, ohne dass die Lebensdauerrechnung wiederholt werden muss?

Für die Lösung der Aufgabe steht ein bestimmter Katalog an Rillenkugellagern und Zylinderrollenlagern zur Verfügung. Deren Daten sind in den folgenden Bildern aufgeführt.

Innen-durchm. d in mm	Außen-durchm. D in mm	Breite B in mm	Dyn. Tragzahl C in N	Stat. Tragzahl C_0 in N	Kurzzeichen
15	24	5	1560	800	61802
	28	7	4030	2040	61902
	32	8	5590	2850	16002
	32	9	5590	2850	6002
	35	11	7800	3750	6202
	42	13	11400	5400	6302
17	26	5	1680	930	61803
	30	7	4360	2320	61903
	35	8	6050	3250	16003
	35	10	6050	3250	6003
	40	12	9560	4750	6203
	47	14	13500	6550	6303
	62	17	22900	10800	6403
20	32	7	2700	1500	61804
	37	9	6370	3650	61904
	42	8	6890	4050	16004
	42	12	9360	5000	6004
	47	14	12700	6550	6204
	52	15	15900	7800	6304
	72	19	30700	15000	6404
25	37	7	4360	2600	61805
	42	9	6630	4000	61905
	47	8	7610	4750	16005
	47	12	11200	6550	6005
	52	15	14000	7800	6205
	62	17	22500	11600	6305
	80	21	35800	19300	6405
30	42	7	4490	2900	61806
	47	9	7280	4550	61906
	55	9	11200	7350	16006
	55	13	13300	8300	6006
	62	16	19500	11200	6206
	72	19	28100	16000	6306
	90	23	43600	23600	6406

Bild 5.1-4: Katalog Rillenkugellager 1 [ähnlich SKF]

F_a/C_0	Lagerluft Normal			Lagerluft C3			Lagerluft C4		
	e	X	Y	e	X	Y	e	X	Y
0,025	0,22	0,56	2	0,31	0,46	1,75	0,4	0,44	1,42
0,04	0,24	0,56	1,8	0,33	0,46	1,62	0,42	0,44	1,36
0,07	0,27	0,56	1,6	0,36	0,46	1,46	0,44	0,44	1,27
0,13	0,31	0,56	1,4	0,41	0,46	1,3	0,48	0,44	1.16
0,25	0,37	0,56	1,2	0,46	0,46	1,14	0,53	0,44	1,05
0,5	0,44	0,56	1	0,54	0,46	1	0,56	0,44	1

Bild 5.1-5: Faktoren zur Bewertung von Radiallasten und Axiallasten [SKF]

Innen-durchm. d in mm	Außen-durchm. D in mm	Breite B in mm	Dyn. Tragzahl C in N	Stat. Tragzahl C_0 in N	Kurzzeichen
25	47	12	14200	13200	NU 1005
	52	15	28600	27000	NU 205 EC
					NJ 205 EC
					NUP 205 EC
					N 205 EC
		18	34100	34000	NU 2205 EC
					NJ 2205 EC
					NUP 2205 EC
	62	17	40200	36500	NU 305 EC
					NJ 305 EC
					NUP 305 EC
					N 305 EC
		24	56100	55000	NU 2305 EC
					NJ 2305 EC
					NUP 2305 EC
30	55	13	17900	17300	NU 1006
	62	16	38000	36500	NU 206 EC
					NUP 206 EC
					N 206 EC
		20	48400	49000	NU 2206 EC
					NUP 2206 EC
					N 2206 EC
	72	19	51200	48000	NU 306 EC
					NUP 306 EC
					N 306 EC
		27	73700	75000	NU 2306 EC
					NJ 2306 EC
					NUP 2306 EC

Bild 5.1-6: Katalog Zylinderrollenlager 2 [ähnlich SKF]

5.1.2 Mögliche Lösung zur Aufgabe Wellenlagerung

Teilaufgabe 1: Lagerauswahl

Die radiale Lagerkraft beträgt für beide Lager $F_A = F_B = 14,5$ kN

Die nominelle Lebensdauer beträgt

$$L = \left(\frac{C}{F}\right)^p$$

Erf. Dynamische Tragzahl

$$C_{min} = \sqrt[p]{L}F$$

Annahme Kugellager: $p = 3$

$$C_{min} = \sqrt[3]{2} \cdot 14,5 \text{ kN} = 18,3 \text{ kN}$$

Annahme Rollenlager: $p = 10/3$

$$C_{min} = \sqrt[10/3]{2} \cdot 14,5 \text{ kN} = 17,9 \text{ kN}$$

Lager A: Durch die Konstruktion sind Lagerinnen- und -außendurchmesser mit 30 mm bzw. 55 mm vorgegeben. Hierfür findet sich kein preiswertes Rillenkugellager, da die entsprechenden Abmessung zu niedrige Tragzahlen aufweisen. Gewählt wird das Zylinderrollenlager NU 1006, dass bei einer Breite von 13 mm eine dynamische Tragzahl von $C = 17,9$ kN aufweist.

Lager B: Für Lager B ist lediglich der Innendurchmesser mit 30 mm vorgegeben. Für dieses Lager kann aufgrund des unbegrenzten Außendurchmessers ein Rillenkugellager zum Einsatz kommen. Dies ist auch erforderlich, da das Lager B die Festlagerfunktion erfüllen muss. Gewählt: Lager 6206 mit einem Außendurchmesser von 62 mm, einer Breite von 16 mm, einer dynamischen Tragzahl von $C = 19,5$ kN und einer statischen Tragzahl von $C_0 = 11,2$ kN.

Teilaufgabe 2: Lebensdauer

$$L_h = \frac{10^6}{n}\left(\frac{C}{F}\right)^p$$

$$n = q_1 \cdot n_1 + q_2 \cdot n_2 = 0,65 \cdot 750 \text{ min}^{-1} + 0,35 \cdot 500 \text{ min}^{-1} = 662,5 \text{ min}^{-1}$$

$$L_{hA} = \frac{10^6}{662,5 \text{ min}^{-1}}\left(\frac{17,9}{14,5}\right)^{\frac{10}{3}} = 50,7 \, h$$

$$L_{hB} = \frac{10^6}{662,5 \text{ min}^{-1}}\left(\frac{19,5}{14,5}\right)^3 = 61,2 \, h$$

Diese Lebensdauer erscheint nicht besonders hoch. Je nach Anwendung kann diese jedoch völlig ausreichend sein. Auch an ein und derselben Maschine sind ggf. Aggregate mit deutlich unterschiedlicher erforderlicher Lebensdauer verbaut.

Teilaufgabe 3: Zulässige Axiallast

Für das gewählte Rillenkugellager ist als maximale Axialkraft erlaubt:

$$F_a = 0{,}5 \; C_0 = 0{,}5 \; 11{,}2 \text{ kN} = 5{,}6 \text{ kN}$$

Damit diese Axialkraft nicht in der äquivalenten Lagerbelastung zu berücksichtigen ist, muss folgende Bedingung erfüllt sein:

$$\frac{F_a}{F_r} = \frac{5{,}6 \text{ kN}}{14{,}5 \text{ kN}} = 0{,}386 < e = 0{,}44$$

Da die Bedingung erfüllt ist, gilt X = 1 und Y = 0. Damit entspricht die äquivalente Lagerbelastung der bisher angesetzten radialen Lagerbelastung und die Auslegung behält trotz der auftretenden Axiallast ihre Gültigkeit.

Anmerkung:

Sicherlich nicht von Vorteil ist es, dass in der Konstruktion zwei unterschiedlich Lager zum Einsatz kommen. Ist mit einem Ausfall von Lagern zu rechnen und wird deswegen die Vorhaltung von Ersatzteilen eingeplant, so wird entsprechend Kapital gebunden.

Hier stand lediglich ein eingeschränkter Katalog an Lagern zur Verfügung. Praktisch wäre es sicherlich sinnvoll zu untersuchen, ob sich nicht ein Lager für beide Lagerstellen findet, dass sowohl bzgl. der Herstellkosten als auch hinsichtlich der laufenden Kosten eine günstige Lösung bietet.

6 Umschlingungstriebe

6.1 Flachriemengetriebe

6.1.1 Aufgabenstellung Flachriemengetriebe

Ein schweres Holzsägegatter (Bild 6.1-1) wird durch einen zweistufigen Flachriementrieb angetrieben, da wegen der hohen Nenndrehzahl des Antriebsmotors das erforderliche Übersetzungsverhältnis nicht in einer Stufe erreicht werden kann. Es ist der erste Riementrieb, also vom Elektromotor zur Vorgelegewelle, auszulegen. Die Umgebung ist trocken, staubig und ohne Öleinfluss.

Bild 6.1-1: Riemenantrieb eines Holzgatters [Siegling]

Im stationären Betrieb liegen folgende Daten vor:

Motorleistung	$P = 63$ kW
Motordrehzahl	$n_1 = 2970$ min^{-1}
Durchmesser Motorscheibe	$d_1 = 250$ mm
Drehzahl Vorgelegewelle	$n_2 = 600$ min^{-1}

Bearbeitungspunkte:

Teilaufgabe 1:

Wie groß ist bei einem Schlupf von einem Prozent der wirksame Durchmesser der getriebenen Scheibe zu wählen? Neben den in Bild 6.1-10 aufgeführten Durchmessern sind nach DIN 111 auch die Durchmesser 1100 mm, 1250 mm und 1400 mm wählbar.

Teilaufgabe 2:

Wählen Sie die Riemenlänge und den Achsabstand (Soll: e ≈ 2000 mm).

Teilaufgabe 3:

Welche Umschlingungswinkel liegen an der treibenden und getriebenen Scheibe vor?

Teilaufgabe 4:

Sind die Gegebenheiten an der treibenden oder getriebenen Scheibe für die Leistungsübertragung maßgebend?

Teilaufgabe 5:

Spezifizieren Sie den einzusetzenden Riemen (Type, Länge, Breite).

Teilaufgabe 6:

Wie hoch sind die Kräfte in den Trums infolge Fliehkraft? Welche Auflagedehnung ergibt sich unter Berücksichtigung der Fliehkraft? Welcher Spannweg ist für den Riementrieb mindestens vorzusehen?

Zugträger	Laufschicht	F_u in N/mm Breite	Auflege-dehnung in %	F_w bei $\varepsilon = 1\%$ in N/mm	Dicke in mm	Breite in mm	Betriebs-temp. in °C	v_{max} in m/s
PA-Band	Chrom-leder, Gummi	4 – 80	max. 3	4 – 80	2,8 – 7,3	10-1000	–20..+ 80	70
PES-Corde, endlos ge-wickelt	Gummi, PUR, Chromleder	10 – 40	max 1,8	20 – 80	0,6 – 6,0	20-450	–40..+ 80	100
Aramid-Gewebe, einlagig	Gummi, PUR	10 – 40	max. 0,8	bei 0,5 % 20 – 80	1,7 – 3,2	10-1000	–20..+ 70	100
PES-Gewebe, einlagig	Gummi, PUR, PA-Gewebe, Weich-PA	3 – 30	max. 2,0	3 – 30	1,4 – 1,9	10-1000	–20..+ 70	100
PA-Gewebe, einlagig	Gummi, PA-Gewebe, PES-Vlies	ca. 2	max 3,0	0,8 – 1,5	1,5	10-1000	–20..+ 80	Rückspr. Hersteller
Urethan, e-lastisch	Gummi, PUR	0,3 – 1,2	max. 8	0,3 – 1,2	0,8 – 1,5	10-1000	–20..+ 50	Rückspr. Hersteller

Die Riemen der letzten drei Zeilen werden auch als so genannte Maschinenbänder eingesetzt, d.h. sie haben neben der Leistungsübertragung eine weitere Funktion, z.B. als Förderriemen, zu erfüllen.

Bild 6.1-2: Eigenschaften Flachriemen [Siegling]

Teilaufgabe 7:

Wie groß sind die Trumkräfte?

Teilaufgabe 8:

Welche maximale Wellenkraft tritt auf?

Teilaufgabe 9:

Wie ist die Biegefrequenz des Riemens zu beurteilen?

Reibschicht	Deckschicht	Einsatzfall	
Chromleder	Textil	Standardantriebe mit einseitiger Leistungsübertragung (auch mit Spannrolle)	Für normale und schwere Betriebsbedingungen und wenn starker Öl- und Fetteinfluss vorhanden
Chromleder	Chromleder	Für Mehrscheibenantriebe mit beidseitiger Leistungsübertragung	
Gummi	Textil	Mehrscheibenantriebe mit einseitiger Leistungsübertragung	Normale Bedingungen, staubig, feucht, Einfluss von Öl oder Fett nicht zu erwarten
Gummi	Gummi	Mehrscheibenantriebe mit beidseitiger Leistungsübertragung	

Bild 6.1-3: Reib- und Deckschichten von Flachriemen [Siegling]

Riementyp		10	14	20	28	40	54	65	80
Nennumfangskraft in N/mm Riemenbreite		10	14	20	28	40	54	65	80
Max. zul. Umfangskraft in N/mm Riemenbreite		12,5	17,5	25	35	50	67,5	81	100
Trumkraft in N/mm bei 2% Dehnung		10	14	20	28	40	54	65	80
min. Umlenkdurchmesser in mm	Ausf. „B85 GT"	30	50	70	120	280	380	460	560
Flächengewicht m' in kg/m^2	Ausf. „B80 LT"	2,5	2,6	2,9	3,7	4,3	5,5	5,7	7,1
	Ausf. „B85 GT"	1,6	1,8	2,7	3,3	4,0	4,9	--	6,4
Riemendicke s in mm	Ausf. „B80 LT"	2,2	2,4	2,8	3,7	4,4	5,5	5,8	7,2
	Ausf. „B85 GT"	1,6	1,8	2,5	3,0	3,7	4,4	--	6,0

Ausführung „B80 LT": Reibschicht Leder, Deckschicht Textil
Ausführung „B85 GT": Reibschicht Gummi, Deckschicht Textil

Bild 6.1-4: Eigenschaften ausgewählter Flachriemen mit Zugträgern aus Polyamidband [Siegling]

Riementyp		8	10	15	20	25	30	40
Nennumfangskraft in N/mm Riemenbreite		8	10	15	20	25	30	40
F_w-Wert in N/mm	Polyestergewebe bei 1% Dehnung	8	10	15	20	25	30	--
	Aramidgewebe bei 0,5% Dehnung	--	--	15	--	25	--	40
min. Umlenkdurchmesser in mm	Polyestergewebe	25	25	30	30	40	40	--
	Aramidgewebe	--	--	30	--	40	--	90
Flächengewicht m´ in kg/m²	Polyestergewebe	1,6	1,4	2,0	2,3	2,7	3,4	--
	Aramidgewebe	--	--	1,9	--	2,7	--	3,5
Riemendicke s in mm	Polyestergewebe	1,5	1,3	1,8	2,0	2,5	3,2	--
	Aramidgewebe	--	--	1,7	--	2,5	--	3,2

Ausführung "B82 GG": Reib- und Deckschicht aus Gummi, Beschichtung mit PUR, Textil oder Vlies ebenfalls möglich, ggf. beim Hersteller anfragen.

Bild 6.1-5: Eigenschaften ausgewählter Flachriemen mit Zugträgern aus Gewebe [Siegling]

Riementyp	10	14	20	28	40
Nennumfangskraft in N/mm Riemenbreite	10	14	20	28	40
Bruchkraft in N/mm Riemenbreite	130	175	300	540	600
F_w-Wert in N/mm bei 1% Dehnung	20	28	40	56	80
Min. Umlenkdurchmesser in mm	60	60	90	125	160
Flächengewicht m´ in kg/m2	1,2	1,3	1,9	2,4	2,8
Riemendicke s in mm	1,2	1,3	1,9	2,4	2,8

Ausführung „B81 GT": Reibschicht Gummi, Deckschicht Textil. Auch beidseitige Gummi-, Leder- oder PUR-Beschichtung möglich, ggf. Anfrage beim Hersteller. Riemengeschwindigkeiten nach Rückspr. mit dem Hersteller bis zu 120 m/s.

Bild 6.1-6: Eigenschaften ausgewählter Flachriemen mit Zugträgern aus endlos gewickelten PES-Corden [Siegling]

Art des Antriebes	Antriebsbeispiele	Betriebsfaktor c_2
Gleichmäßiger Betrieb, geringe zu beschleunigende Massen	Generatoren geringer Leistung, leichte Textilmaschinen, Kreiselpumpen	1,0
Fast gleichmäßiger Betrieb, mittlere zu beschleunigende Massen	Kleine Ventilatoren, Werkzeugmaschinen, Drehkolbengebläse, mittlere Holzbearbeitungsmaschinen, Generatoren, Getreidemühlen, Textilmaschinen, Extruder, Steinsägen	1,15
Ungleichmäßiger Betrieb, mittlere zu beschleunigende Massen, Stöße	Kolbenpumpen u. Kompressoren mit Ungleichförmigkeitsgrad > 1:80, Zentrifugen, große Ventilatoren, Kugel- u. Rohrmühlen, Webstühle, Sägegatter, Rührwerke, Zerspaner für Holzindustrie, Karosseriepressen	1,25
Ungleichmäßiger Betrieb, große zu beschleunigende Massen, starke Stöße	Kolbenpumpen u. Kompressoren mit Ungleichförmigkeitsgrad < 1:80, Baggerantriebe, Kollergänge, Kalander, Pressen, Scheren, Stanzen, Walzwerke, Steinbrecher, Holzhacker	1,6

Betriebsfaktoren gelten für Umschlingungswinkel der kleinen Scheibe $\beta > 140°$.

Bild 6.1-7: Betriebsfaktor c_2 für Flachriemenantriebe [Siegling]

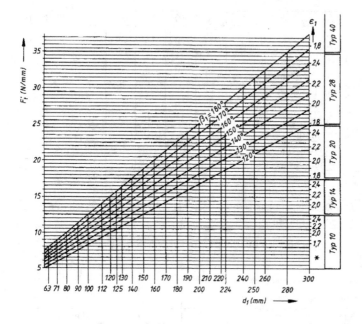

Bild 6.1-8:
Typauswahl für Flachriemen
mit Zugträgern aus Polyamidband [Muhs, S.153]

P/n in kW min	d in mm	P/n in kW min	d in mm	P/n in kW min	d in mm
0,00075	63	0,008	140	0,14	315
0,0009	71	0,01	160	0,17	355
0,001	80	0,015	180	0,2	400
0,0016	90	0,04	200	0,25	450
0,0018	100	0,06	224	0,3	500
0,003	112	0,1	250	0,4	560
0,0045	125	0,12	280	0,44	630

Bild 6.1-9: Auswahl des kleinen Scheibendurchmessers für Flachriementriebe [ähnlich Muhs, S.152]

d	40	50	63	71	80	90	100	112	125	140
B min	25		32		40		50		63	
B max	50		100		140		200			
h				0,3					0,4	
d	160	180	200	224	250	280	315	355	400	450
B min				63						
B max	200				315					400
h	0,5		0,6			0,8			1,0	
d	500	560	630	710	800	900	1000	1120	1250	1400
B min	63				100			125		
B max				400						
h	1,0		1,2		1,2*				1,5**	

Bild 6.1-10: Scheibendurchmesser nach DIN 111 [Muhs, S.154]

6.1.2 Mögliche Lösung zur Aufgabe Flachriemengetriebe

Teilaufgabe 1: Durchmesser der getriebenen Scheibe

Der Schlupf ist definiert zu:

$$s = \frac{v_1 - v_2}{v_2} = \frac{\pi\left(d_1 \cdot n_1 - d_2 \cdot n_2\right)}{d_2 \cdot \pi \cdot n_2} = \frac{d_1 \cdot n_1}{d_2 \cdot n_2} - 1$$

Damit ergibt sich theoretisch für den Scheibendurchmesser auf der Vorgelegewelle:

$$d_{2\,\text{th}} = \frac{d_1 \cdot n_1}{n_2\left(s + 1\right)} = \frac{250\,\text{mm} \cdot 2970\,\text{min}^{-1}}{600\,\text{min}^{-1}\left(1 + 0,01\right)} = 1225,2\,\text{mm}$$

Aus den nach DIN 111 genormten Scheibendurchmessern wird gewählt:

$$d_2 = 1250\,\text{mm}$$

Damit ist die Drehzahl der Vorgelegewelle faktisch:

$$n_2 = \frac{d_1 \cdot n_1}{d_2\left(s + 1\right)} = \frac{250\,\text{mm} \cdot 2970\,\text{min}^{-1}}{1250\,\text{mm}\left(0,01 + 1\right)} = 588,1\,\text{min}^{-1}$$

Die relative Übersetzungsabweichung beträgt:

$$\Delta i = \frac{i_{\text{ist}}}{i_{\text{soll}}} - 1 = \frac{2970}{600} \cdot \frac{588,1}{2970} - 1 = -0,0198 = -2,0\%$$

Es ist zu prüfen, ob diese Übersetzungsabweichung toleriert werden kann, oder z.B. durch Definition eines anderen Nennbetriebspunktes des Motors die erforderliche Vorgelegewellendrehzahl erreicht werden kann.

Kontrolle, ob der gewählte Scheibendurchmesser aufgrund der Leistungs-Drehzahl-Relation geeignet erscheint:

$$\frac{P}{n_2} = \frac{63\,\text{kW}}{2970\,\text{min}^{-1}} = 0,02$$

Nach Herstellerangaben (Bild 6.1-9) ist ein kleiner Scheibendurchmesser von zumindest 200 mm erforderlich. Dieser ist mit dem gewählten Durchmesser von 250 mm gegeben.

Teilaufgabe 2: Riemenlänge und Achsabstand

Da der Achsabstand ca. 2000 mm betragen soll, liegt die theoretisch erforderliche Riemenlänge bei:

$$\beta_1 = 2\arccos\left(\frac{d_2 - d_1}{2e}\right) = 2\arccos\left(\frac{1250\,\text{mm} - 250\,\text{mm}}{2 \cdot 2000\,\text{mm}}\right) = 151,0°$$

$$L_{\text{r}} = 2e\sin\left(\frac{\beta_1}{2}\right) + \frac{\pi}{2}(d_1 + d_2) + \frac{\pi}{2}\left(1 - \frac{\beta_1}{180°}\right)(d_2 - d_1)$$

$$L_{\text{r th}} = 2 \cdot 2000\,\text{mm} \cdot \sin\left(\frac{151,0°}{2}\right) + \frac{\pi}{2}(1250\,\text{mm} + 250\,\text{mm}) + \ldots$$

$$\ldots + \frac{\pi}{2}\left(1 - \frac{151,0°}{180°}\right)(1250\,\text{mm} - 250\,\text{mm}) = 6481,9\,\text{mm}$$

Es wird von der Verfügbarkeit eines Riemens mit L_r = 6500 mm ausgegangen. Damit ergibt sich der Achsabstand zu:

$$e = \frac{L_r}{4} - \frac{\pi}{8}(d_1 + d_2) + \sqrt{\left(\frac{L_r}{4} - \frac{\pi}{8}(d_1 + d_2)\right)^2 - \frac{(d_2 - d_1)^2}{8}}$$

$$e = \frac{6500 \text{ mm}}{4} - \frac{\pi}{8}(1250 + 250) \text{ mm} + ...$$

$$... + \sqrt{\left(\frac{6500 \text{ mm}}{4} - \frac{\pi}{8}(1250 + 250) \text{ mm}\right)^2 - \frac{(1250 - 250)^2 \text{ mm}^2}{8}} = 2009,7 \text{ mm}$$

Teilaufgabe 3: Umschlingungswinkel

Der Wert an der getriebenen Scheibe wurde bereits mit β_1 = 151,0° ermittelt. An der treibenden Scheibe beträgt der Umschlingungswinkel somit β_2 = 360° – β_1 = 209,0°.

Teilaufgabe 4: Leistungsübertragung

Kritisch ist die Scheibe, auf der die Leistungsübertragende Tangentialkraft an der Scheibe über den kleineren Umschlingungswinkel übertragen werden muss. In der Regel, wie auch hier, ist das die treibende Scheibe.

Teilaufgabe 5: Riemenauswahl

Die Umlaufgeschwindigkeit des Riemens beträgt:

$$v = \omega \cdot r = 2 \cdot \pi \cdot n \cdot r = \pi \cdot n \cdot d = \pi \cdot 2970 \text{ min}^{-1} \cdot 250 \text{ mm} = 38,9 \text{ m/s}$$

Hieraus ergibt sich für die zwischen Scheibe und Riemen zu übertragende Umfangskraft:

$$F_u = \frac{P}{v} = \frac{63 \text{ kW}}{38,9 \text{ m/s}} = 1619,5 \text{ N}$$

Mit dem Scheibendurchmesser d_1 = 250mm und dem Umschlingungswinkel β_1 = 151,0°

ergibt sich aus dem Auswahlbild für die Flachriementype (Bild 6.1-8) folgender Riemen mit einem Zugträger aus Polyamidband:

- Riementyp 28
- Spezifische Umfangskraft F_t' = 26,5 N/mm
- Auflegedehnung ε_1 = 1,9 % (noch ohne Berücksichtigung der Fliehkräfte)

Wegen der einseitigen Leistungsübertragung und der Umgebungsbedingungen kann Gummi als Reibschicht gewählt werden. Für die Deckschicht kommt Textil in Frage. Damit lautet die komplette Bezeichnung des Riementyps B85 GT 28P.

Die minimale Riemenbreite b_{0min} berechnet sich aus der zu berücksichtigenden Bemessungskraft F_B und der aus dem Diagramm abgelesenen spez. Umfangskraft F_t' bei der gewählten Auflegedehnung. Die Bemessungskraft berücksichtigt das Auftreten von Ungleichförmigkeiten und Stößen der Arbeitsmaschine:

Für den vorliegenden Sägegatter-Antrieb ist laut Bild 6.1-7 anzusetzen: c_2 = 1,25

$$F_B = c_2 \cdot F_u = 1,25 \cdot 1619,5 \text{ N} = 2024,4 \text{ N}$$

$$b_{0min} = \frac{F_B}{F_t'} = \frac{2024,4 \text{ N}}{26,5 \text{ N/mm}} = 76,4 \text{ mm}$$

Gewählt wird eine Riemenbreite von $b_0 = 80$ mm.

Da Riemenscheiben zumindest 12 bis 15% breiter als der Riemen sein sollten, wird hier nach DIN 111 eine Kranzbreite der Riemenscheibe von 100 mm gewählt.

Teilaufgabe 6: Fliehkrafteinfluss, Auflagedehnung, Spannweg

Die wirkende Fliehkraft ergibt sich für den gewählten Riemen bei der vorliegenden Umlaufgeschwindigkeit zu:

$$F_c = m' \cdot b_0 \cdot v^2 = 3,3 \text{ kg/m} \cdot 0,08 \text{ m} \cdot (38,9 \text{ m/s})^2 = 399,5 \text{ N}$$

Damit liegt folgende Zusatzdehnung aus den Fliehkräften vor:

$$C_5 = \frac{F_c}{F_{Nenn}} \varepsilon_{Nenn} = \frac{399,5 \text{ N}}{28 \text{ N/mm} \cdot 80 \text{ mm}} 2\% = 0,36\%$$

Die endgültige Auflegedehnung ist damit:

$$\varepsilon = \varepsilon_1 + C_5 = 1,9\% + 0,36\% = 2,26\%$$

Der Spannweg ergibt sich durch Anwendung der Auflegedehnung auf den Achsabstand:

$$x_{min} = \varepsilon \cdot e = 0,023 \cdot 2010 \text{ mm} = 46,2 \text{ mm}$$

Die auszuführende Länge des Spannweges muss größer sein, um das Auflegen zu erleichtern und um Längentoleranzen des Riemens abzudecken.

Teilaufgabe 7: Trumkräfte

Im Stillstand wird sich infolge der Auflagedehnung folgende Trumkraft einstellen:

$$F_{1\,ruhe} = F_{2\,ruhe} = \frac{\varepsilon}{\varepsilon_{Nenn}} F_t = \frac{2,3\%}{2\%} 28 \text{ N/mm} \cdot 80 \text{ mm} = 2576 \text{ N}$$

Bei Übertragung der Umfangskraft im Betrieb resultieren hieraus:

$$F_1 = F_{1\,ruhe} + \frac{F_u}{2} = 2576 \text{ N} + \frac{1619,5 \text{ N}}{2} = 3385,8 \text{ N} \qquad \text{im Lasttrum}$$

$$F_2 = F_{2\,ruhe} - \frac{F_u}{2} = 2576 \text{ N} - \frac{1619,5 \text{ N}}{2} = 1766,3 \text{ N} \qquad \text{im Leertrum}$$

Teilaufgabe 8: Maximale Wellenbelastung

Generell berechnet sich die Wellenbelastung wie folgt:

$$F_W = \sqrt{F_1^2 + F_2^2 - 2F_1 F_2 \cos \beta_1}$$

Anmerkung:

Nach dem Spannen des Riemens verliert dieser im Laufe der ersten Tage einen Teil seiner Vorspannkraft, weil sich das Zugträgermaterial setzt. Dieser Vorgang wird auch als Beruhigung bezeichnet. Alle technischen Daten des Riemens und dessen Auslegung beziehen sich auf den beruhigten Zustand. Das heißt aber, dass sofort nach dem Spannen des Riemens zunächst höhere Trumkräfte als die Kräfte aus der Riemenauslegung vorhanden sind. Bei statischer Berechnung der Umgebungskonstruktion sollte die höhere Belastung des noch nicht beruhigten Zustandes berücksichtigt werden, auch wenn diese nur kurzzeitig wirkt. Folgende Faktoren können für die Relation der Vorspannkraft zwischen erstmalig gespanntem und beruhigtem Zustand angegeben werden:

Zugträger	Faktor sofort/beruhigt
Polyamid-Band	ca. 2,3
Polyester – Gewebe, Polyester – Corde	ca. 1,6
Aramid-Gewebe	ca. 1,4

Somit sind drei Situationen zu unterscheiden. Wellenkraft direkt nach dem Spannen des Riemens, bevor eine Beruhigung stattgefunden hat:

$$F_W = \sqrt{(2,3 \cdot 2576 \text{ N})^2 + (2,3 \cdot 2576 \text{ N})^2 - 2 \cdot 2,3^2 \cdot (2576 \text{ N})^2 \cdot \cos 151°} = 11472 \text{ N}$$

Nach Beruhigung des Riementriebs im Stillstand:

$$F_W = \sqrt{(2576 \text{ N})^2 + (2576 \text{ N})^2 - 2 \cdot (2576 \text{ N})^2 \cdot \cos 151°} = 4988 \text{ N}$$

Nach Beruhigung des Riementriebs unter Berücksichtigung der Entlastung infolge Fliehkrafteffekten:

$$F_W = \sqrt{(3386 \text{ N} - 400 \text{ N})^2 + (1766 \text{ N} - 400 \text{ N})^2 - 2 \cdot (3386 \text{ N} - 400 \text{ N}) \cdot (1766 \text{ N} - 400 \text{ N}) \cdot \cos 151°}$$

$$F_W = 4233 \text{ N}$$

Teilaufgabe 9: Biegefrequenz

$$f_B = \frac{v \cdot z}{L_r} = \frac{38,9 \text{ m/s} \cdot 2}{6500 \text{ mm}} = 12,0 \text{ Hz}$$

Da Biegefrequenzen bis zu 30 Hz unproblematisch sind, ist der vorhandene Wert völlig akzeptabel. Abhängig von der Reibschicht und dem Zugträger sind auch Biegefrequenzen bis 100 Hz durchaus akzeptabel. Allerdings ist dies im Einzelfall abzuklären.

Anmerkung:

Die Überhöhung h der Riemenscheiben ist nach DIN 111 (Bild 6.1-10) zu wählen. Bei 2-Scheiben-Antrieben mit waagerecht liegenden Wellen sollte die kleine Scheibe zylindrisch, die große ballig ausgeführt sein. Bei senkrecht stehenden Wellen, Antrieben mit mehr als zwei Scheiben und Gegenbiegung des Riemens, z.B. durch eine separate Spannrolle, ist bezüglich Anzahl und Anordnung der balligen Scheiben eine Abstimmung mit dem Riemenhersteller zweckmäßig.

6.2 Keilriementrieb

6.2.1 Aufgabenstellung Keilriementrieb

Das Bild 6.2-1 zeigt einen Ventilator, der durch einen Asynchronmotor über Keilriemen angetrieben wird. Zu der Anlage sind folgende Daten bekannt:

Asynchronmotor: $P = 132$ kW, $n_1 = 1485$ min^{-1}, $M_B = 0,65 M_N$

Ventilator: $n_2 = 825 \pm 15$ min^{-1}, Anlauf unter Last, konstante Belastung

Anlage: 18 Betriebsstunden pro Tag, Eine Schaltung pro Tag, Normale Betriebsbedingungen: Kein Wasser, Öl oder Staub in der Umgebung, Durchmesser der kleinen Riemenscheibe $d_{d1} < 300$ mm, 1300 mm < Achsabstand a < 1500 mm

Bild 6.2-1: Keilriementrieb an einem Ventilator [Optibelt]

Bearbeitungspunkte:

Teilaufgabe 1:

Wählen Sie ein geeignetes Keilriemenprofil für den genannten Antrieb aus.

Teilaufgabe 2:

Legen Sie die Richtdurchmesser der Keilriemenscheiben fest.

Teilaufgabe 3:

Überprüfen Sie die Einhaltung der Forderung bzgl. der Ventilatordrehzahl.

Teilaufgabe 4:

Bestimmen Sie die Richtlänge des Keilriemens und den nominellen Achsabstand.

Teilaufgabe 5:

Bestimmen Sie die erforderliche Anzahl an Keilriemen.

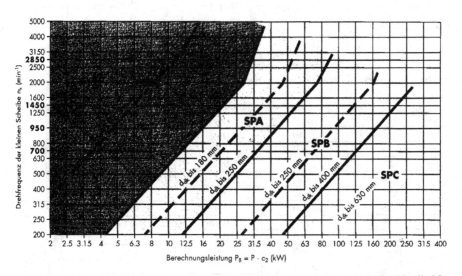

Bild 6.2-2: Auswahl von Hochleistungsschmalkeilriemen nach DIN 7753, Teil 1 [Optibelt]

Umschlingungs- winkel β_1 in °	Winkel- faktor c_1	Umschlingungs- winkel β_1 in °	Winkel- faktor c_1
180	1,00	150	0,98
177	1,00	147	0,98
174	1,00	144	0,98
171	1,00	141	0,97
168	0,99	139	0,97
165	0,99	136	0,97
162	0,99	133	0,96
160	0,99	130	0,96
156	0,99	126	0,96
153	0,98	123	0,95

Bild 6.2-3: Winkelfaktor c_1 für Hochleistungsschmalkeilriemen nach DIN 7753, Teil 1 [Optibelt]

	Beispiele von Antriebsmaschinen					
	Wechsel- und Drehstrommotoren mit normalem Anlaufmoment (bis zu 1,8-fachem Nennmoment), z.B. Synchron- und Einphasenmotoren mit Anlasshilfsphase, Drehstrommotoren mit Direkteinschaltung, Stern-Dreieck-Schaltung oder Schleifring-Anlasser, Gleichstromnebenschlussmotoren, Verbrennungsmotoren und Turbinen mit $n < 600\,\text{min}^{-1}$			Wechsel- und Drehstrommotoren mit hohem Anlaufmoment (über 1,8-fachem Nennmoment), z.B. Einphasenmotoren mit hohem Anlaufmoment, Gleichstromhauptschlussmotoren in Serienschaltung oder Kompound, Verbrennungsmotoren und Turbinen mit $n < 600\ \text{min}^{-1}$		
Beispiele von Arbeitsmaschinen	Belastungsfaktor c_2 für tägliche Betriebsdauer in h			Belastungsfaktor c_2 für tägliche Betriebsdauer in h		
	bis 10	10 bis 16	über 16	bis 10	10 bis 16	über 16
Leichte Antriebe	1,1	1,1	1,2	1,1	1,2	1,3
Mittelschwere Antriebe	1,1	1,2	1,3	1,2	1,3	1,4
Schwere Antriebe	1,2	1,3	1,4	1,4	1,5	1,6
Sehr schwere Antriebe	1,3	1,4	1,5	1,5	1,6	1,8

Bild 6.2-4: Belastungsfaktor c_2 für Hochleistungsschmalkeilriemen nach DIN 7753, Teil 1 [Optibelt]

Richtlänge L_d in mm und Längenfaktor c_3 für Profil SPB					
L_d	c_3	L_d	c_3	L_d	c_3
1250	0,83	2240	0,93	4000	1,02
1320	0,84	2360	0,93	4250	1,03
1400	0,85	2500	0,94	4500	1,04
1500	0,86	2650	0,95	4700	1,04
1600	0,87	2800	0,96	5000	1,05
1700	0,88	3000	0,97	5300	1,06
1800	0,89	3150	0,98	5600	1,07
1900	0.90	3350	0,99	6000	1,08
2000	0,91	3550	1,00	6300	1,09
2120	0,92	3750	1,01	6700	1,10

Bilder 6.2-5 und 6.2-6: Richtlängen und Längenfaktor c_3 für Hochleistungsschmalkeilriemen nach DIN 7753, Teil 1 [Optibelt]

Richtdurchmesser d_d

Keilriemen-Profil	–	Y	–	Z	A	B	--	C	--	D	E	d_d min	d_d max	Rundlauf und Planlauftoleranz
ISO-Kurzzeichen / **DIN 2215**	**5**	**6**	**8**	**10**	**13**	**17**	**20**	**22**	**25**	**32**	**40**			
Schmalkeilriemen-Profil **DIN 7753 Teil 1 und ISO 4184**	–	–	–	**SPZ**	**SPA**	**SPB**	–	**SPC**	–	–	–	min	max	toleranz
20,0												20,0	20,4	
22,0												22,0	22,4	
25,0												25,0	25,4	
28,0	28,0											28,0	28,4	
31,5	31,5											31,5	32,0	
35,5	35,5											35,5	36,1	
40,0	40,0	40	40									40,0	40,6	
45,0	45,0	45	45									45,0	45,7	
50,0	50,0	50	50									50,0	50,8	
56,0	56,0	56	56									56,0	56,9	0,2
63,0	63,0	63	63									63,0	64,0	
			67									67,0	68,0	
71,0	71,0	71	71									71,0	72,1	
		75	75									75,0	76,1	
80,0	80,0	80	80									80,0	81,3	
		85	85									85,0	86,3	
	90,0	90	90	90								90,0	91,4	
		95	95	95								95,0	96,4	
	100,0	100	100	100								100,0	101,6	
		106	106	106								106,0	107,6	
	112,0	112	112	112	112							112,0	113,8	
		118	118	118	118							118,0	119,9	
	125,0	125	125	125	125							125,0	127,0	0,3
		132	132	132	132							132,0	134,1	
			140	140	140		140*					140,0	142,2	
			150	150	150		150*					150,0	152,4	
			160	160	160	160	160*					160,0	162,6	
			170	170	170							170,0	172,7	
	180		180	180	180	180	180					180,0	182,9	
			190	190	190		190					190,0	193,0	
	200		200	200	200	200	200					200,0	203,2	0,4
			212	212	212	212	212					212,0	215,4	
			224	224	224	224	224					224,0	227,6	
				225	225		225					225,0	228,6	
				236	236		236					236,0	239,8	
			250	250	250	250	250	250				250,0	254,0	
				265			265					265,0	269,0	
			280	280	280	280	280	280				280,0	284,5	
			300	300	300	300	300					300,0	304,8	
			315	315	315	315	315	315				315,0	320,0	0,5
				335			335					335,0	340,0	
			355	355	355	355	355	355	355			355,0	360,7	
				375			375					375,0	380,7	
			400	400	400	400	400	400	400			400,0	406,4	
				425			425					425,0	431,4	
			450	450	450	450	450	450	450			450,0	457,2	
				475			475					475,0	482,2	
			500	500	500	500	500	500	500	500		500,0	508,0	0,6
			560	560	560	560	560	560	560	560		560,0	569,0	
			630	630	630	630	630	630	630	630		630,0	640,1	
			710	710	710	710	710	710	710	710		710,0	721,4	
				800	800	800	800	800	800	800		800,0	812,8	0,8
				900	900	900	900	900	900	900		900,0	914,4	
				1000	1000	1000	1000	1000	1000	1000		1000,0	1016,0	
				1120	1120	1120	1120	1120	1120	1120		1120,0	1137,9	
				1250	1250	1250	1250	1250	1250	1250		1250,0	1270,0	1,0
				1400	1400	1400	1400	1400	1400	1400		1400,0	1422,4	
				1600	1600	1600	1600	1600	1600	1600		1600,0	1625,6	
				1800	1800	1800	1800	1800	1800	1800		1800,0	1828,8	1,2
				2000	2000	2000	2000	2000	2000	2000		2000,0	2032,0	

Bild 6.2-7: Richtdurchmesser für Keilriemenscheiben für Hochleistungsschmalkeilriemen nach DIN 7753, Teil 1 [Optibelt]

v (m/s)	n_k (min⁻¹)	140	150	160	180	190	200	212	224	236	250	280	315	355	375	400	1,01 bis 1,05	1,06 bis 1,26	1,27 bis 1,57	>1,57
	700	3,46	4,04	4,62	5,77	6,34	6,91	7,59	8,26	8,92	9,70	11,33	13,21	15,30	16,33	17,59	0,05	0,33	0,47	0,58
	950	4,42	5,19	5,95	7,46	8,20	8,94	9,82	10,69	11,56	12,56	14,66	17,04	19,67	20,94	22,50	0,07	0,45	0,64	0,78
	1450	6,09	7,20	8,29	10,44	11,49	12,53	13,76	14,96	16,15	17,50	20,30	23,36	26,59	28,08	29,83	0,11	0,69	0,97	1,20
	2850	9,07	10,83	12,53	15,71	17,18	18,57	20,13	21,57	22,87	24,21	26,40	27,68				0,21	1,35	1,92	2,35
	100	0,66	0,76	0,85	1,04	1,14	1,23	1,35	1,46	1,57	1,70	1,98	2,30	2,66	2,84	3,07	0,01	0,05	0,07	0,08
	200	1,21	1,39	1,57	1,94	2,12	2,30	2,51	2,73	2,94	3,19	3,72	4,33	5,02	5,36	5,79	0,01	0,09	0,13	0,16
	300	1,71	1,97	2,24	2,77	3,03	3,29	3,61	3,92	4,23	4,59	5,36	6,24	7,25	7,74	8,36	0,02	0,14	0,20	0,25
	400	2,17	2,52	2,87	3,56	3,91	4,25	4,66	5,06	5,47	5,94	6,93	8,08	9,38	10,03	10,82	0,03	0,19	0,27	0,33
	500	2,62	3,05	3,48	4,32	4,75	5,16	5,66	6,16	6,66	7,23	8,45	9,85	11,43	12,22	13,18	0,04	0,24	0,34	0,41
⑤	600	3,05	3,55	4,06	5,06	5,56	6,05	6,64	7,23	7,81	8,48	9,92	11,56	13,41	14,32	15,44	0,04	0,28	0,40	0,49
	700	3,46	4,04	4,62	5,77	6,34	6,91	7,59	8,26	8,92	9,70	11,33	13,21	15,30	16,33	17,59	0,05	0,33	0,47	0,58
	800	3,85	4,51	5,17	6,46	7,10	7,74	8,50	9,26	10,00	10,87	12,70	14,79	17,11	18,25	19,64	0,06	0,38	0,54	0,66
	900	4,23	4,96	5,69	7,13	7,84							80	18,84		57	0,07	0,43	0,61	0,74
	1000	4,60	5,40	6,20	7,78	8						75	20,47		23,39		0,07	0,47	0,67	0,82
⑩	1100	4,95	5,83	6,69	8,41							13	22			25,07	0,08	0,52	0,74	0,91
	1200	5,29	6,24	7,17	9,01			1,88	12,93	13,97			04		89	26,62	0,09	0,57	0,81	0,99
	1300	5,62	6,63	7,63	9,60			12,65	13,77	14,87				26,26	28,02		0,10	0,62	0,87	1,07
	1400	5,94	7,01	8,08	10,16				73					27,51	29,27		0,10	0,66	0,94	1,15
	1500	6,24	7,38	8,51	10,71									28,62	30,35		0,11	0,71	1,01	1,24
	1600	6,54	7,73	8,92	11,23							29,58	31,26				0,12	0,76	1,08	1,32
	1700	6,82	8,07	9,31	11,73							30,39	31,99				0,12	0,81	1,14	1,40
	1800	7,08	8,40	9,69	12,2							31,04	32,53				0,13	0,85	1,21	1,48
	1900	7,34	8,71	10,05	12,67							31,53	32,86				0,14	0,90	1,28	1,57
⑮	2000	7,58	9,00	10,39	13,10							31,84	32,99				0,15	0,95	1,34	1,65
	2100	7,81	9,28	10,72	13,51	14,85	16,15	17					96	32,89			0,15	0,99	1,41	1,73
	2200	8,02	9,54	11,03	13,89	15,26	16,59	18				65	90	32,57			0,16	1,04	1,48	1,81
	2300	8,22	9,79	11,31	1							65	28				0,17	1,09	1,55	1,90
	2400	8,41	10,02	11,58	11							31	28,				0,18	1,14	1,61	1,98
	2500	8,62	10,23	11,83	11							50	28,				0,18	1,18	1,68	2,06
⑳	2600	8,74	10,42	12,06	15,15	16,61	18,00	19,59	21,08	22,47	23,95	26,60	28,71				0,19	1,23	1,75	2,14
	2700	8,88	10,60	12,26	15,39	16,86	18,26	19,84	21,31	22,67	24,11	26,60	28,41				0,20	1,28	1,82	2,23
	2800	9,01	10,76	12,45	15,61	17,08	18,48	20,05	21,50	22,82	24,19	26,49	27,96				0,21	1,33	1,88	2,31
	2900	9,12	10,90	12,61	15,79	17,27	18,66	20,20	21,62	22,90	24,20	26,28	27,36				0,21	1,37	1,95	2,39
	3000	9,22	11,02	12,75	15,95	17,42	18,79	20,31	21,69	22,91	24,13	25,96					0,22	1,42	2,02	2,47
	3100	9,30	11,12	12,86	16,07	17,53	18,88	20,37	21,70	22,85	23,98						0,23	1,47	2,08	2,56
	3200	9,36	11,21	12,96	16,16	17,60	18,93	20,38	21,64	22,72	23,74						0,23	1,52	2,15	2,64
	3300	9,41	11,27	13,02	16,21	17,63	18,93	20,33	21,53	22,52	23,42						0,24	1,56	2,22	2,72
㉕	3400	9,44	11,31	13,07	16,23	17,63	18,89	20,22	21,35	22,25	23,01						0,25	1,61	2,29	2,80
	3500	9,45	11,33	13,08	16,22	17,58	18,80	20,06	21,10	21,90	22,51						0,26	1,66	2,35	2,89
	3600	9,45	11,33	13,08	16,17	17,49	18,66	19,84	20,78								0,26	1,71	2,42	2,97
	3700	9,42	11,30	13,04	16,08	17,36	18,47	19,57	20,40								0,27	1,75	2,49	3,05
	3800	9,38	11,25	12,98	15,95	17,18	18,22	19,23	19,94								0,28	1,80	2,55	3,13
	3900	9,31	11,18	12,89	15,78	16,95	17,93	18,83	19,41								0,29	1,85	2,62	3,21
㉚	4000	9,23	11,09	12,77	15,58	16,68	17,58	18,36	18,81								0,29	1,89	2,69	3,30
	4100	9,13	10,97	12,62	15,33	16,36	17,17										0,30	1,94	2,76	3,38
	4200	9,01	10,82	12,44	15,04	16,01	16,71										0,31	1,99	2,82	3,46
	4300	8,86	10,65	12,23	14,71	15,58	16,19										0,32	2,04	2,89	3,54
	4400	8,70	10,46	11,99	14,33	15,11	15,62										0,32	2,08	2,96	3,63
	4500	8,51	10,24	11,72	13,92	14,60	14,98										0,33	2,13	3,03	3,71
㉟	4600	8,30	9,99	11,42	13,45												0,34	2,18	3,09	3,79
	4700	8,07	9,72	11,08	12,94												0,34	2,23	3,16	3,87
	4800	7,82	9,41	10,72	12,38												0,35	2,27	3,23	3,96
	4900	7,54	9,08	10,31	11,78												0,36	2,32	3,29	4,04
	5000	7,24	8,72	9,87	11,13												0,37	2,37	3,36	4,12
	5100	6,92	8,33	9,40													0,37	2,42	3,43	4,20
	5200	6,57	7,91	8,89													0,38	2,46	3,50	4,29
	5300	6,19	7,46	8,34													0,39	2,51	3,56	4,37
㊵	5400	5,79	6,98	7,74													0,40	2,56	3,63	4,45
	5500	5,37	6,47	7,14													0,40	2,61	3,70	4,53

Richtdurchmesser der kleinen Scheibe d_{dk} (mm) — Übersetzungszuschlag (kW) pro Riemen für

Bild 6.2-8: Nennleistung je Keilriemen für Hochleistungsschmalkeilriemen nach DIN 7753, Teil 1 [Optibelt]

6.2.2 Mögliche Lösung zur Aufgabe Keilriementrieb

Teilaufgabe 1: Auswahl Keilriemenprofil

Drehstrommotor mit normalem Anlaufmoment
Betriebsdauer über 16 Stunden pro Tag
Mittelschwerer Antrieb (Ventilator über 7,5 kW Leistung)

Aus Bild 6.2-4 ist zu entnehmen: Belastungsfaktor $c_2 = 1,3$

Berechnungsleistung:

$$P_B = c_2 \cdot P = 1,3 \cdot 132\ \text{kW} = 171,6\ \text{kW}$$

Drehfrequenz kleine Scheibe: $n_1 = 1485\ \text{min}^{-1}$

Bild 6.2-2: Keilriemenprofil SPB

Teilaufgabe 2: Richtdurchmesser der Keilriemenscheiben

Konstruktive Randbedingungen: $d_{d1} < 300$ mm, Profil SPB

Bild 6.2-7: Gewählt $d_{d1} = 280$ mm

Richtdurchmesser d_{d2}:

$$d_{d2} \approx i \cdot d_{d1} = \frac{n_1}{n_2} d_{d1} = \frac{1485\,\text{min}^{-1}}{825\,\text{min}^{-1}} 280\,\text{mm} = 504\,\text{mm}$$

$\rightarrow$ Bild 6.2-7: Gewählt $d_{d2} = 500$ mm

Teilaufgabe 3: Überprüfung Ventilatordrehzahl

$$n_2 = \frac{n_1}{i} = n_1 \frac{d_{d1}}{d_{d2}} = 1475\,\text{min}^{-1} \frac{280\,mm}{500\,mm} = 831,6\,\text{min}^{-1}$$

Die Drehzahl n_2 liegt damit innerhalb der geforderten Toleranz von 825 ± 15 min^{-1} und kann akzeptiert werden. Auch unter Berücksichtigung eines vorhandenen Schlupfes ist die Einhaltung der Drehzahlgrenzen zu erwarten.

Teilaufgabe 4: Richtlänge Keilriemen, Nomineller Achsabstand

Empfehlung für den Achsabstand:

$$0,7\left(d_{d1} + d_{d2}\right) < a < 2,0\left(d_{d1} + d_{d2}\right)$$

$$546\,\text{mm} < a < 1560\,\text{mm}$$

Vorläufige Wahl des Achsabstandes mit $a = 1400$ mm.

Hieraus ergibt sich eine Riemenrichtlänge L_{dth}:

$$L_{dth} = 2 \cdot a \cdot \sin\frac{\beta_1}{2} + \frac{\pi}{2}(d_{d1} + d_{d2}) + \frac{\pi}{2}\left(1 - \frac{\beta_1}{180°}\right)(d_{d2} - d_{d1})$$

$$\beta_1 = 2 \cdot \arccos\left(\frac{d_{d2} - d_{d1}}{2a}\right) = 2 \cdot \arccos\left(\frac{500\,\text{mm} - 280\,\text{mm}}{2 \cdot 1400\,\text{mm}}\right) = 171°$$

$$L_{dth} = 2 \cdot 1400\,\text{mm} \cdot \sin\frac{171°}{2} + \frac{\pi}{2}(280\,\text{mm} + 500\,\text{mm}) + ...$$

$$... + \frac{\pi}{2}\left(1 - \frac{171°}{180°}\right)(500\,\text{mm} - 280\,\text{mm}) = 4033,8\,\text{mm}$$

Bild 6.2-6: Gewählte Riemenrichtlänge $L_d = 4000$ mm.

Sich hieraus ergebender nomineller Achsabstand a:

$$a = \frac{1}{4}\left(L_d - \frac{\pi}{2}(d_{d1} + d_{d2})\right) + \frac{1}{4}\sqrt{\left(L_d - \frac{\pi}{2}(d_{d1} + d_{d2})\right)^2 - 2(d_{d2} - d_{d1})^2}$$

$$a = \frac{1}{4}\left(4000\,\text{mm} - \frac{\pi}{2}(280\,\text{mm} + 500\,\text{mm})\right) + ...$$

$$... + \frac{1}{4}\sqrt{\left(4000\,\text{mm} - \frac{\pi}{2}(280\,\text{mm} + 500\,\text{mm})\right)^2 - 2(500\,\text{mm} - 280\,\text{mm})^2}$$

$$a = 1383,0\,\text{mm}$$

Teilaufgabe 5: Anzahl Keilriemen

$$z > \frac{c_2 \cdot P}{c_1 \cdot c_3 \cdot P_N}$$

Bild 6.2-3: Winkelfaktor c_1 $(\beta_1 = 171°) = 1,0$

Bild 6.2-5: Längenfaktor $c_3(L_d = 4000 \text{ mm}) = 1,02$

Bild 6.2-8: Nennleistung je Keilriemen

$$P_N(d_{d1} = 280 \text{ mm, i} = 1,79, n_1 = 1485 \text{ min}^{-1}) = 20,63 \text{ kW} + 1,23 \text{ kW} = 21,86 \text{ kW}$$

$$z > \frac{1,3 \cdot 132 \text{ kW}}{1,0 \cdot 1,02 \cdot 21,86 \text{ kW}} = 7,7$$

Gewählt: 8 Hochleistungsschmalkeilriemen SPB 4000

6.3 Rollenkette

6.3.1 Aufgabenstellung Rollenkette

Der Antrieb eines Bandförderers soll durch einen Getriebemotor über einen Kettentrieb erfolgen. Der Getriebemotor hat eine Leistung von $P = 3$ kW und die Abtriebsdrehzahl $n_1 = 125$ min^{-1}. Die Drehzahl der angetriebenen Bandrolle soll $n_2 = 50$ min^{-1} betragen. Der Wellenabstand soll $a = 1000$ mm betragen.

Bearbeitungspunkte:

Teilaufgabe 1:

Ermitteln Sie die Zähnezahlen z_1 und z_2 der Kettenräder unter der Bedingung, dass die relative Übersetzungsabweichung des Kettentriebs auf drei Prozent begrenzt wird.

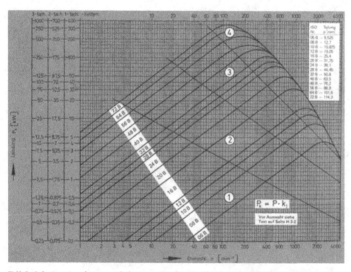

Bild 6.3-1: Auslegungsleistung P_k für Rollenketten [Köbo]

Teilaufgabe 2:

Bestimmen Sie eine geeignete Rollenkette nach DIN 8187.

Teilaufgabe 3:

Bestimmen Sie die Anzahl der Kettenglieder und den Achsabstand.

Maschine	z_1						
	17	19	21	23	25	27	30
Bagger, Brecher, Kalander, Rammen, Stauchmaschinen, Baumaschinen				2,43	2,35	2,27	2,19
Hammermühlen, Nietmaschinen, Walzmaschinen, Bodenfräsen, Gummimaschinen				2,30	2,23	2,16	2,08
Ziegeleimaschinen, Formermaschinen, Hebezeuge, Ventilatoren, Stoßmaschinen, Stampfmaschinen, Hobelmaschinen			2,22	2,16	2,10	2,03	1,96
Haspelwerke, Richtwerke, Ziehmaschinen, Pressen, Schiffsmaschinen, Bergwerksmaschinen, Kompressoren			2,07	2,01	1,95	1,89	1,83
Kolbenpumpen, Verrdichter, Elevatoren, Räummaschinen, Kunststoff- und Keramikmaschinen, Mühlen			1,90	1,85	1,80	1,74	1,68
Holzbearbeitungsmaschinen, Rührwerke, Mischermaschinen, Siebe, Bohranlagen		1,78	1,73	1,68	1,63	1,58	1,52
Webstühle, Wirkmaschinen, Spinnereimaschinen, Biegemaschinen		1,58	1,54	1,50	1,45	1,41	1,36
Gebläse, Scheren, Rollgänge, Winden, Trockentrommeln, Zellulosemaschinen, Stetigförderer		1,39	1,35	1,31	1,27	1,23	1,18
Sägen, Fräsmaschinen, Waschmaschinen, Kreiselpumpen, Druckmaschinen	1,20	1,17	1,14	1,11	1,08	1,04	1,00
Förderbänder, Generatoren, Drehbänke, Bohrmaschinen, Verpackungsmaschinen, Schleifmaschinen	1,05	1,00	0,97	0,94	0,90	0,85	0,80

Für E-Motoren und gleichmäßige Antriebsaggregate, Bei Verbrennungsmotoren und an deren ungleichmäßigen Antriebsaggregaten erhöht sich der Faktor um 0,5.

Bild 6.3-2: Faktor k_1 zur Berücksichtigung der konkreten Getriebekonfiguration [Köbo]

6.3.2 Mögliche Lösung zur Aufgabe Rollenkette

Teilaufgabe 1: Zähnezahlen

Geforderte Übersetzung:

$$i = \frac{n_1}{n_2} = \frac{125\,\text{min}^{-1}}{50\,\text{min}^{-1}} = 2,5$$

Gewählte Zähnezahlen unter der Randbedingung, dass die Zähnezahl für den Antrieb eines Bandförderers zumindest $z_1 = 23$ betragen soll (siehe Bild 6.3-2): $z_1 = 23$, $z_2 = 57$

Damit beträgt die realisierte Übersetzung:

$$i = \frac{z_2}{z_1} = \frac{57}{23} = 2,48$$

Mit dieser Übersetzung liegt folgende relative Übersetzungsabweichung Δi vor:

$$\Delta i = \frac{i_{\text{ist}} - i_{\text{soll}}}{i_{\text{soll}}} = \frac{i_{\text{ist}}}{i_{\text{soll}}} - 1 = \frac{2,48}{2,5} - 1 = -0,008 = -0,8\% < \Delta i_{\max} = \pm 3,0\%$$

Damit ist die Übersetzungsabweichung auf das gewünschte Maximalmaß begrenzt. Die Antriebsdrehzahl des Bandförderers beträgt:

$$n_2 = \frac{n_1}{i_{\text{ist}}} = \frac{125\,\text{min}^{-1}}{2,48} = 50,40\,\text{min}^{-1}$$

Teilaufgabe 2: Rollenkette

Auslegungsleistung des Antriebs:

$$P_k = k_1 \cdot P$$

Bild 6.3-2: k_1 ($z_1 = 23$, *Förderband*) = 0,94

$$P_k = 0,94 \cdot 3,0\,\text{kW} = 2,82\,\text{kW}$$

Mit der Auslegungsleistung und der Drehzahl ergibt sich aus Bild 6.3-1 die geeignete Kettentype:

$$P_k = 2,82\,\text{kW},\ n_1 = 125\,\text{min}^{-1} \rightarrow \text{Kettentype 16B mit einer Teilung von } p = 25,4\,\text{mm}.$$

Teilaufgabe 3: Gliederzahl und Achsabstand

Anzahl der Kettenglieder aufgrund des gewünschten Wellenabstandes a:

$$x = 2\frac{a}{p} + \frac{z_1 + z_2}{2} + \left(\frac{z_2 - z_1}{2\pi}\right)^2 \frac{p}{a}$$

$$x = 2\frac{1000\,\text{mm}}{25,4\,\text{mm}} + \frac{23 + 57}{2} + \left(\frac{57 - 23}{2\pi}\right)^2 \frac{25,4\,\text{mm}}{1000\,\text{mm}} = 119,5$$

Gewählte Gliederzahl der Kette: $x = 120$

Mit dieser Gliederanzahl ergibt sich exakt folgender Achsabstand:

$$a = \frac{p}{4}\left(\left(x - \frac{z_1 + z_2}{2}\right) + \sqrt{\left(x - \frac{z_1 + z_2}{2}\right)^2 - 2\left(\frac{z_2 - z_1}{\pi}\right)^2}\right)$$

$$a = \frac{25,4\,\text{mm}}{4}\left(\left(120 - \frac{23 + 57}{2}\right) + \sqrt{\left(120 - \frac{23 + 57}{2}\right)^2 - 2\cdot\left(\frac{57 - 23}{\pi}\right)^2}\right) = 1006,6\,\text{mm}$$

7 Kupplungen

7.1 Klauenkupplung

7.1.1 Aufgabenstellung Klauenkupplung

Ein Radialgebläse wird durch eine Antriebseinheit bestehend aus Asynchronmotor, Getriebe und Klauenkupplung angetrieben.

Motordaten:	Asynchronmotor, 2 Polpaare
	Kippmoment $M_K = 330$ Nm
	Kippschlupf $s_K = 0,25$
Getriebedaten:	Übersetzung $i = 4,0$
	Wirkungsgrad $\eta = 0,97$
Kupplungsdaten:	Type Flender N-Eupex, Bauart A
Gebläsedaten:	Nennleistung $P_N = 20$ kW
	Nenndrehzahl $n_{Nenn} = 365$ min^{-1}
	Tägliche Betriebsdauer 16 h
	2 Anläufe je Tag
	Umgebungstemperatur $T = 20°$ C

Das auf die Motorwelle reduzierte Massenträgheitsmoment des gesamten Antriebsstrangs beträgt $\theta = 15$ kgm^2.

Bild 7.1-1:
Radialgebläse inkl. Antrieb [KKK]

Bearbeitungspunkte:

Teilaufgabe 1:

Skizzieren Sie den Aufbau der Anordnung aus Motor, Getriebe, Kupplung und Ventilator.

Teilaufgabe 2:

Wählen Sie eine geeignete Kupplungsbaugröße unter dem Blickwinkel des Kupplungsnennmomentes.

Teilaufgabe 3:

Ist die gewählte Kupplung unter Berücksichtigung des während der Anläufe auftretenden Kupplungsmaximalmomentes geeignet.

Teilaufgabe 4:

Welche Einsatzgrenzen sind für die Kupplung einzuhalten. Werden diese Grenzen eingehalten?

Teilaufgabe 5:

Mit welcher Drehzahl dreht der Motor im stationären Betrieb, wenn die Nennleistung des Gebläses abgerufen wird?

Teilaufgabe 6:

Das Lastmoment des Gebläses steigt, beginnend bei Null, linear über der Drehzahl an. Wie viel Zeit wird für den Anlauf des Gebläses benötigt, wenn mit einem genäherten mittleren Hochlaufmoment des Motors gerechnet wird?

Kupplungstype	Zulässiges Nennmoment M_N	Zulässiges Maximalmoment M_{max}
A 140	360	1080
A 160	560	1680
A 180	880	2640
A 200	1340	4020
A 225	2000	6000

Bild 7.1-2: Ausgleichskupplung Flender N-Eupex, Bauart A [ähnlich Flender]

Antriebsmaschine	Gebläse $T_N < 75$ Nm	Gebläse $T_N < 750$ Nm	Gebläse $T_N > 750$ Nm
Elektromotoren, Turbinen, Hydraulikmotoren	1	1,25	1,75
Kolbenmaschinen 4-6 Zylinder, Ungleichförmigkeitsgrad von 1:100 bis 1.200	1,25	1,5	2
Kolbenmaschinen 1-3 Zylinder, Ungleichförmigkeitsgrad bis 1:100	1,5	2	2,5

Bild 7.1-3: Betriebsfaktoren f_1 für Ausgleichskupplung N-Eupex, Bauart A [ähnlich Flender]

7.1.2 Mögliche Lösung zur Aufgabe Klauenkupplung

Teilaufgabe 1: Anordnung

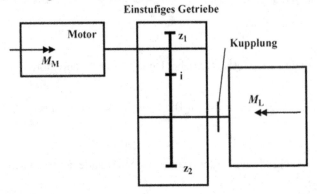

Bild 7.1-4:
Struktur des Antriebs

Das einstufige Getriebe kann bei Vorliegen einer Schrägverzahnung im Bereich der Eingangswelle folgenden Aufbau haben:

Bild 7.1-5: Stirnradgetriebe mit Schrägverzahnung [FAG]

Teilaufgabe 2: Kupplungsauswahl

Das Nenndrehmoment für den Antrieb beträgt:

$$M_N = \frac{P_N}{2\pi \, n_N} = \frac{20 \text{ kW}}{2\pi \, 365 \text{ min}^{-1}} = 523 \text{ Nm}$$

Mit dem Belastungskennwert für ein Gebläse (axial/radial), diesem Nennmoment und einem Elektromotor als Antriebsmaschine ergibt sich laut Bild 7.1-3 für den Betriebsfaktor $f_1 = 1{,}25$.

Damit bestimmt sich das Auslegungsdrehmoment zu:

$$M_K = f_1 \, M_N = f_1 \frac{P_N}{2\pi \, n_N} = 1{,}25 \frac{20 \text{ kW}}{2\pi \, 365 \text{ min}^{-1}} = 654 \text{ Nm}$$

Gewählt: Flender N-Eupex A 180 mit $T_N = 880 \text{ Nm}$

Teilaufgabe 3: Eignung der Kupplung

Für die gewählte Kupplung liegt das maximal zulässige Drehmoment bei:

$$T_{\text{max zul}} = 2640 \text{ Nm}$$

Das maximal zu erwartende Drehmoment tritt auf, wenn der Motor sein Kippmoment durchfährt. Werden die zur Beschleunigung des Motors und des Getriebes erforderlichen Drehmomente nicht berücksichtigt, so kann das maximale Kupplungsmoment wie folgt eingegrenzt werden:

$$T_{\text{max vorh}} < \frac{i \cdot M_K}{\eta} = \frac{4 \cdot 330 \text{ Nm}}{0{,}97} = 1361 \text{ Nm}$$

Damit liegt auch bei leichten auftretenden Stößen das maximale, vorhandene Drehmoment unter dem maximal zulässigen Wert.

Teilaufgabe 4: Einsatzgrenzen

Vom Hersteller in seinen Unterlagen aufgeführte Einsatzgrenzen sind:

Temperatur:	Zulässiger Bereich: – 30 C – 80° C (nicht in den Unterlagen aufgeführt)
	Vorhandener Bereich: 20 C
	Damit ist das Temperaturspektrum zulässig.
Anzahl der Anläufe:	Zulässig: 25 Anläufe pro Stunde (nicht in den Unterlagen aufgef.)
	Vorhanden: 2 Anläufe je Tag
	Damit ist die Anzahl der Anläufe zulässig.
Axialversatz:	Zulässig: 2 – 4 mm (nicht in den Unterlagen aufgeführt)
Radialversatz::	Zulässig: ca. 0,55 mm (nicht in den Unterlagen aufgeführt)
Winkelversatz:	Zulässig: ca. 0,18° (nicht in den Unterlagen aufgeführt)

Die Versatzwerte für die Kupplung sind hier nicht bekannt. Zur Gültigkeit des Nachweises müssen die tatsächlichen Werte innerhalb der angegebenen Grenzen liegen.

Der Nachweis der Wechseldrehmomentbelastung ist hier nicht relevant, da eine Richtungsumkehr der Last in der hier vorliegenden Anwendung nicht zu erwarten ist. Das Gebläse kann nur in eine Drehrichtung seine Aufgabe erfüllen.

Teilaufgabe 5: Nenndrehzahl

Im stationären Betrieb muss der Motor ein Drehmoment liefern von:

$$M_{\text{N Motor}} = \frac{M_{\text{N}}}{i\,\eta} = \frac{523\,\text{Nm}}{4 \cdot 0,97} = 134,8\,\text{Nm}$$

Der Schlupf, bei dem dieses Drehmoment geliefert wird, kann auf Grundlage der Kloss'schen Gleichung ermittelt werden, welche die Kennlinie in guter Näherung beschreibt:

$$M = \frac{2\,M_{\text{k}}}{\dfrac{s}{s_{\text{k}}} + \dfrac{s_{\text{k}}}{s}}$$

Hieraus ergibt sich eine quadratische Gleichung für den Schlupf:

$$s^2 - \frac{2M_{\text{k}}}{M}s_{\text{k}}\,s + s_{\text{k}}^2 = 0$$

$$s_{1/2} = \frac{M_{\text{k}}}{M}s_{\text{k}} \pm \sqrt{\left(\left(\frac{M_{\text{k}}}{M}\right)^2 - 1\right)s_{\text{k}}^2} = 1,17 \quad ; \quad 0,05$$

Von diesen beiden Kennwerten ist nur der Schlupf von 5 % eine tatsächliche Lösung. Ein Schlupf von 117 % würde eine Umkehrung der Drehrichtung bedeuten und macht damit praktisch keinen Sinn. Der Schlupf von 5 % entspricht einer Drehzahl im Betriebspunkt von:

$$n_{\text{N Motor}} = \left(1 - s_2\right) n_{\text{S}} = \left(1 - 0,05\right) 1500\,\text{min}^{-1} = 1425\,\text{min}^{-1}$$

Teilaufgabe 6: Hochlaufzeit

Mit der Kloss'schen Gleichung ergibt sich die Kennlinie des Motors wie folgt:

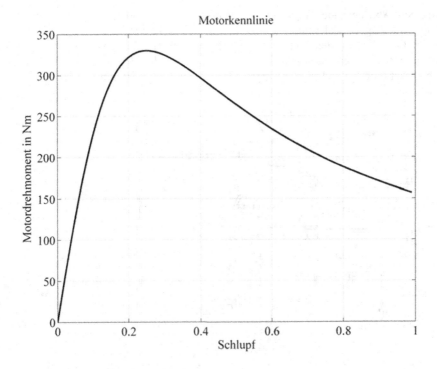

Bild 7.1-6: Motorkennlinie

Damit beträgt das mittlere Hochlaufmoment des Motors ca. $M_{\text{M mittel}} = 240$ Nm.

Das mittlere Lastmoment während des Anlaufprozesses beträgt:

$$M_{\text{L mittel}} = \frac{1}{2} M_{\text{N Motor}} = \frac{1}{2} 134,8 \text{ Nm} = 67,4 \text{ Nm}$$

Damit berechnet sich die Hochlaufzeit zu:

$$t_{\text{A}} = \frac{15 \text{ kgm}^2 \, 2\pi \, 1425 \text{ min}^{-1}}{240 \text{ Nm} - 67,4 \text{ Nm}} = 13 \text{ s}$$

7.2 Elastische Kupplung

7.2.1 Aufgabenstellung Elastische Kupplung

Gegeben ist das im Bild 7.2-1 dargestellte Getriebe. Das Getriebe liefert bei einer Ausgangs-drehzahl von $n = 140$ min^{-1} ein Ausgangsdrehmoment von $M = 40$ Nm.

Folgende Daten sind darüber hinaus zur Abtriebswelle bekannt:

Teilkreisdurchmesser Zahnrad: $\qquad d = 100$ mm
Eingriffswinkel Zahnrad: $\qquad \alpha = 20°$
Abstand linkes Wellenende – Mitte Sitz Abtriebsnabe: $\qquad l_1 = 30$ mm

Abstand Mitte Sitz Abtriebsnabe – Pendelrollenlager: $l_2 = 50$ mm
Abstand Pendelrollenlager – Zahnrad: $l_3 = 80$ mm
Abstand Zahnrad – Zylinderrollenlager: $l_4 = 25$ mm
Wellendurchmesser unter Pendelrollenlager: $d_1 = 30$ mm
Wellendurchmesser unter Zylinderrollenlager: $d_2 = 20$ mm

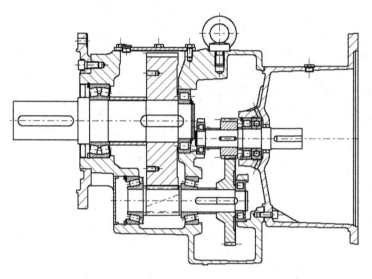

Bild 7.2-1: Getriebe [Flender]

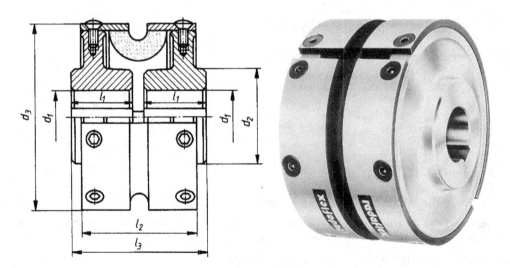

Bild 7.2-2: Hochelastische Wulstkupplung [Muhs, S.410, Rexnord]

Innen-durchm. d in mm	Außen-durchm. D in mm	Breite B in mm	Dyn. Tragzahl C in N	Stat. Tragzahl C_0 in N	Kurzzeichen
20	52	15	30500	30500	21304 CC
25	52	18	35700	35700	22205 CC
			43100	44000	22205 E
	62	17	41400	41500	21305 CC
30	62	20	48900	52000	22206 EC
			61000	64000	22206 E
	72	19	55200	61000	21306 CC
35	72	23	67300	73500	22207 CC
			79900	85000	22207 E
	80	21	65600	72000	21307 CC
40	80	23	73600	81500	22208 CC
			89700	98000	22208 E
			82800	98000	21308 CC
	90	33	115000	122000	22308 CC
			127000	137000	22308 E
45	85	23	77100	88000	22209 CC
			93700	106000	22209 E
	100	25	101000	114000	21309 CC
		36	138000	160000	22309 CC
			164000	183000	22309 E
50	90	23	84500	100000	22210 CC
			97800	118000	22210 E
	110	27	120000	140000	21310 CC
		40	176000	200000	22310 CC
			199000	224000	22310 E
55	100	25	99500	118000	22211 CC
			115000	137000	22211 E
	120	29	138000	163000	21311 CC
		43	199000	232000	22311 CC
			235000	280000	22311 E

Bild 7.2-3: Katalog Pendelrollenlager [ähnlich SKF]

Bearbeitungspunkte:

Teilaufgabe 1:

Legen Sie die Wälzlager an der Abtriebswelle aus. Die geforderte Lebensdauer der Lager beträgt 2000 Betriebsstunden.

Teilaufgabe 2:

Wählen Sie die geeignete Größe einer hochelastischen Wulstkupplung aus, die zwischen Getriebemotor und der angetriebenen Maschine vorgesehen ist.

Teilaufgabe 3:

Aufgrund ungenauer Ausrichtung zwischen Antrieb und Abtrieb wird die Kupplung bzgl. Ihrer Nachgiebigkeit in Radialrichtung und Winkelrichtung voll verformt. Was bedeutet dies für die Lager der Abtriebswelle? Sind die beiden Lager nach wie vor ausreichend ausgelegt?

Teilaufgabe 4:

Welche Auswirkung hat die Kupplungsverformung auf die Beanspruchung und Lebensdauer des Wellenabsatzes, auf den die Kupplung aufgeschoben wird?

Innen-durchm. d in mm	Außen-durchm. D in mm	Breite B in mm	Dyn. Tragzahl C in N	Stat. Tragzahl C_0 in N	Kurzzeichen
15	35	11	12500	10200	NU 202 EC
					NJ 202 EC
	42	13	19400	15300	NU 302 EC
					NJ 302 EC
17	40	12	17200	14300	NU 203 EC
					NJ 203 EC
					NUP 203 EC
					N 203 EC
		16	23800	21600	NU 2203 EC
					NJ 2203 EC
					NUP 2203 EC
	47	14	24600	20400	NU 303 EC
					NUP 303 EC
					N 303 EC
20	47	14	25100	22000	NU 204 EC
					NUP 204 EC
					N 204 EC
		18	29700	27500	NU 2204 EC
					NJ 2204 EC
	52	15	30800	26000	NU 304 EC
					NUP 304 EC
					N 304 EC
		21	41300	38000	NU 2304 EC
					NUP 2304 EC

Bild 7.2-4: Katalog Zylinderrollenlager [ähnlich SKF]

Größe	Maße	Max. Drehzahl	Nenndreh-moment	Nachgiebigkeiten		Federsteifigkeit	
	d_3 in mm	n_{max} in min^{-1}	T_{KN} in Nm	ΔK_r in mm	ΔK_w in °	C_r in N/mm	C_w in Nm/rad
1,6	85	4000	16	0,5	0,5	120	85
4	110	4000	40	1	1	130	138
10	150	3000	100	1,5	1,5	210	535
16	175	3999	160	2	2	215	600
25	205	2000	250	2,5	2,5	240	900
40	240	2000	400	3	3	270	1500
63	275	2000	630	3,5	3,5	280	1800
100	325	1500	1000	4	4	290	2200

Bild 7.2-5: Daten der hochelastischen Wulstkupplung [ähnlich Muhs, S.119]

7.2.2 Mögliche Lösung zur Aufgabe Elastische Kupplung

Teilaufgabe 1: Auslegung Rillenkugellager

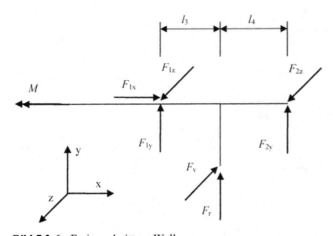

Bild 7.2-6: Frei geschnittene Welle

$$\sum M_x = 0 = F_v \frac{d}{2} - M \quad \rightarrow \quad F_v = \frac{2M}{d} = \frac{2 \cdot 40 \text{ Nm}}{0,1 \text{ m}} = 800 \text{ N}$$

$$F_r = F_{res} \cdot \sin\alpha = F_v \cdot \tan\alpha = 800 \text{ N} \cdot \tan 20° = 291 \text{ N}$$

$$\sum F_{ix} = 0 = F_{1x} \quad \rightarrow \quad F_{1x} = 0$$

$$\sum M_{z1} = 0 = F_r \cdot l_3 + F_{2y}(l_3 + l_4)$$

$$\rightarrow \quad F_{2y} = -F_r \frac{l_3}{l_3 + l_4} = -291\,\text{N}\frac{80\,\text{mm}}{105\,\text{mm}} = -222\,\text{N}$$

$$\sum M_{z21} = 0 = F_{1y}(l_3 + l_4) + F_r \cdot l_4$$

$$\rightarrow \quad F_{1y} = -F_r \frac{l_4}{l_3 + l_4} = -291\,\text{N}\frac{25\,\text{mm}}{105\,\text{mm}} = -69\,\text{N}$$

$$\sum F_{iy} = 0 = F_{1y} + F_r + F_{2y} = -69\,\text{N} + 291\,\text{N} - 222\,\text{N} = 0 \quad ;\text{in Ordnung}$$

$$\sum M_{y1} = 0 = F_v \cdot l_3 - F_{2z}(l_3 + l_4)$$

$$\rightarrow \quad F_{2z} = F_v \frac{l_3}{l_3 + l_4} = 800\,\text{N}\frac{80\,\text{mm}}{105\,\text{mm}} = 610\,\text{N}$$

$$\sum M_{y2} = 0 = F_{1z}(l_3 + l_4) + F_v \cdot l_4$$

$$\rightarrow \quad F_{1z} = F_v \frac{l_4}{l_3 + l_4} = 800\,\text{N}\frac{25\,\text{mm}}{105\,\text{mm}} = 190\,\text{N}$$

$$\sum F_{iz} = 0 = F_{1z} - F_v + F_{2z} = 190\,\text{N} - 800\,\text{N} + 610\,\text{N} = 0 \quad ;\text{in Ordnung}$$

Pendelrollenlager:

$$C_{erf} = \sqrt[p]{L}F$$

$$L = 2000\,\text{h} \cdot 140\,\text{min}^{-1} \cdot \frac{60\,\text{min}}{\text{h}} = 16,8 \cdot 10^6$$

$$F = \sqrt{\left|F_{1y}\right|^2 + \left|F_{1z}\right|^2} = \sqrt{(69\,\text{N})^2 + (190\,\text{N})^2} = 202\,\text{N}$$

$$C_{erf} = \sqrt[3]{16,8} \quad 202\,\text{N} = 518\,\text{N}$$

Gewählt: Lager 22206CC mit $C = 48900\,\text{N}$

Zylinderrollenlager:

$$F = \sqrt{\left|F_{2y}\right|^2 + \left|F_{2z}\right|^2} = \sqrt{(222\,\text{N})^2 + (610\,\text{N})^2} = 649\,\text{N}$$

$$C_{erf} = \sqrt[3]{16,8} \quad 649\,\text{N} = 1662\,\text{N}$$

Gewählt: Lager NU204EC mit $C = 25100\,\text{N}$

Teilaufgabe 2: Auswahl der Kupplung

Die Auswahl erfolgt anhand des Nenndrehmomentes:

$$T_{KN} = 40\,\text{Nm} \qquad \text{Gewählt: Baugröße 4}$$

Die zulässige maximale Drehzahl der Kupplung von $n_{max} = 4000$ min^{-1} wird nicht überschritten. Ebenso wird von der Einhaltung des Maximaldrehmomentes von $T_{Kmax} = 3$ T_{KN} (hier nicht aufgeführt) ausgegangen.

Teilaufgabe 3: Überprüfung der Lager nach Auftreten der Ausgleichsbewegung

Die Verformung der Kupplung sorgt für zusätzliche Lasten auf die Welle. Die Wirkungsrichtungen dieser Lasten sind hier zufällig angenommen und werden später in Richtung der maximalen Lagerbelastung korrigiert, um den ungünstigsten Fall nachzuweisen.

$$F_{Kup} = \Delta K_r \cdot C_r = 1\,\text{mm} \cdot 130\,\text{N/mm} = 130\,\text{N}$$

$$M_{Kup} = \Delta K_w \cdot C_w = 1° \cdot 138\,\text{Nm/rad} \cdot \frac{\pi}{180} \frac{\text{rad}}{°} = 2,4\,\text{Nm}$$

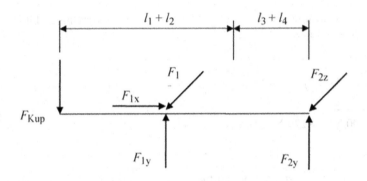

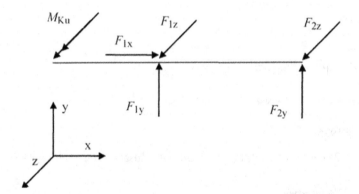

Bild 7.2-7: Freigeschnittene Welle mit Lasten aus Ausgleichskupplung

Aus radialer Verlagerung:

$$\sum M_{z1} = 0 = F_{Kup}\left(l_1 + l_2\right) + F_{2y}\left(l_3 + l_4\right)$$

$$\rightarrow \quad F_{2y} = -F_{Kup}\frac{l_1 + l_2}{l_3 + l_4} = -130\,\text{N}\frac{80\,\text{mm}}{105\,\text{mm}} = -99\,\text{N}$$

$$\sum M_{z2} = 0 = F_{Kup}\left(l_1 + l_2 + l_3 + l_4\right) - F_{1y}\left(l_3 + l_4\right)$$

$$\rightarrow \quad F_{1y} = F_{Kup} \frac{l_1 + l_2 + l_3 + l_4}{l_3 + l_4} = 130 \, \text{N} \, \frac{185 \, \text{mm}}{105 \, \text{mm}} = 229 \, \text{N}$$

Aus Winkelverlagerung:

$$\sum M_{z1} = 0 = M_{Kup} + F_{2y} \left(l_3 + l_4 \right)$$

$$\rightarrow \quad F_{2y} = -\frac{M_{Kup}}{l_3 + l_4} = -\frac{2,4 \, \text{Nm}}{0,105 \, \text{m}} = -22,9 \, \text{N}$$

$$\sum M_{z2} = 0 = M_{Kup} - F_{1y} \left(l_3 + l_4 \right)$$

$$\rightarrow \quad F_{1y} = \frac{M_{Kup}}{l_3 + l_4} = \frac{2,4 \, \text{Nm}}{0,105 \, \text{m}} = 22,9 \, \text{N}$$

Wird davon ausgegangen, dass sich die Zusatzlasten ungünstig mit den betriebsmäßigen Lasten überlagern, so ergibt sich für die Lager:

Pendelrollenlager:

$$F_{neu} = \sqrt{\left| F_{1y} \right|^2 + \left| F_{1z} \right|^2} + \left| F_{1y} \right| \left(F_{Kup} \right) + \left| F_{1y} \right| \left(M_{Kup} \right)$$

$$F_{neu} = \sqrt{\left(69 \, \text{N} \right)^2 + \left(190 \, \text{N} \right)^2} + 229 \, \text{N} + 22,9 \, \text{N} = 454 \, \text{N}$$

$$C_{erf} = \sqrt[3]{16,8} \cdot 454 \, \text{N} = 1163 \, \text{N}$$

Das Lager 22206CC mit $C = 48900$ N ist auch bei auftreten der Zusatzlasten nach wie vor geeignet.

Zylinderrollenlager:

$$F_{neu} = \sqrt{\left| F_{2y} \right|^2 + \left| F_{2z} \right|^2} + \left| F_{2y} \right| \left(F_{Kup} \right) + \left| F_{2y} \right| \left(M_{Kup} \right)$$

$$F_{neu} = \sqrt{\left(222 \, \text{N} \right)^2 + \left(610 \, \text{N} \right)^2} + 99 \, \text{N} + 22,9 \, \text{N} = 771 \, \text{N}$$

$$C_{erf} = \sqrt[3]{16,8} \cdot 771 \, \text{N} = 1975 \, \text{N}$$

Das Lager NU204EC mit $C = 24100$ N ist auch bei Auftreten der Zusatzlasten nach wie vor geeignet.

Teilaufgabe 4: Lebensdauer Wellenabsatz

Die Kupplungsverformung sorgt zusätzlich zur Torsion in dem Wellenabsatz für Umlaufbiegung. D.h., die Beanspruchung des Querschnitts wird höher. Zudem treten jetzt auf jeden Fall dynamische Beanspruchungen auf, was vorher bei statischer Torsion nicht gegeben war. Die Lebensdauer des Wellenabsatzes reduziert sich, wenn aufgrund ursprünglich großzügiger Auslegung nicht immer noch eine dauerfeste Auslegung vorliegen sollte.

Anmerkung:

Grundsätzlich sind mechanische Komponenten wie z.B. Getriebe für bestimmte äußere Lasten ausgelegt. Bei einem Getriebe ist dies bzgl. des zu übetragenden Drehmomentes offensichtlich. Allerdings können auch weitere Lasten wie z.B. Querkräfte auf eine Getriebeausgangswelle auftreten. Diese sind dann durch die Auslegung auf ein bestimmtes Maß beschränkt, um die Auslegungslebensdauern von Wellen und Lagern zu erreichen. Praktisch bedeutet dies, dass alle betrieblichen Lasten auf dieses zulässige Maß beschränkt werden müssen. Von Bedeutung kann dies z.B. sein, wenn wie hier Ausgleichskupplungen zum Einsatz kommen oder Naben explizit auf Wellenenden radial abgestützt werden.

Anmerkung:

In Bild 7.2-1 ist zu erkennen, dass die Umlaufkanten z.B. des Gehäuses und der Wälzlager nicht komplett eingezeichnet sind. Hierzu ist anzumerken, dass dies nicht einer normgerechten Darstellung entspricht. Allerdings verzichtet der Getriebehersteller hier auf die Darstellung dieser Kanten um die Übersichtlichkeit der Gesamtzeichnung zu verbessern. Entsprechende Vorgehensweisen sind in der Praxis oft zu finden. Vielmals wird abweichend von Normen vorgegangen. Die Begründung liegt oft in einer vereinfachten Handhabung der zu transportierenden Informationen. Insofern diese Vorgehensweise vereinbart und bekannt ist, lässt sich der Aufwand bei Erhalt der Qualität oder bei einer Steigerung derselben reduzieren. Entsprechende Vereinbarungen werden z.B. auch oft hinsichtlich der Bemaßung und Tolerierung in Fertigungszeichnungen getroffen.

7.3 Kupplungsdrehmoment

7.3.1 Aufgabenstellung Kupplungsdrehmoment

Gegeben ist ein Antrieb bestehend aus Motor, Kupplung 1, zweistufigem Stirnradgetriebe, Kupplung 2 und Arbeitsmaschine mit folgenden Daten:

Motor	Mittleres Hochlaufmoment	$M_M = 30\ \text{Nm}$
	Massenträgheitsmoment	$\theta_M = 2{,}0\ \text{kgm}^2$
Kupplung1	Massenträgheitsmoment	$\theta_{K1} = 0{,}2\ \text{kgm}^2$
Zahnräder	Zähnezahlen	$z_1 = 9,\ z_2 = 47$
		$z_3 = 11,\ z_4 = 53$
	Massenträgheitsmomente	$\theta_{z1} = 0{,}01\ \text{kgm}^2$
		$\theta_{z2} = 0{,}25\ \text{kgm}^2$
		$\theta_{z3} = 0{,}20\ \text{kgm}^2$
		$\theta_{z4} = 5{,}00\ \text{kgm}^2$
Kupplung 2	Massenträgheitsmoment	$\theta_{K2} = 30\ \text{kgm}^2$
Arbeitsmaschine	Mittleres Lastmoment	$M_L = 300\ \text{Nm}$
	Massenträgheitsmoment	$\theta_L = 20\ \text{kgm}^2$

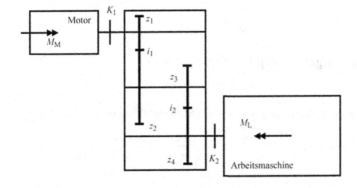

Bild 7.3-1:
Zweistufiges Stirnradgetriebe

Bearbeitungspunkte:

Teilaufgabe 1:

Reduzieren Sie den Antriebsstrang auf die Motorwelle.

Teilaufgabe 2:

Bestimmen Sie die Hochlaufzeit des Antriebs auf die Nenndrehzahl $n_N = 1460$ min^{-1}, wenn während des gesamten Anlaufvorgangs die mittleren Momente an Motor und Last angesetzt werden können.

Teilaufgabe 3:

Bestimmen Sie die Kupplungsdrehmomente im Nennbetrieb unter der Voraussetzung, dass dieser völlig stoßfrei abläuft.

Teilaufgabe 4:

Bestimmen Sie die Kupplungsmaximalmomente während des Anlaufs unter folgenden Bedingungen:

- Häufiger Anlauf
- Permanente Volllast mit mäßigen Stößen
- Täglich Laufzeit: 8h

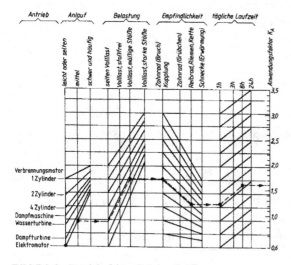

Bild 7.3-2: Betriebsfaktor [Muhs, S.41]

7.3.2 Mögliche Lösung zur Aufgabe Kupplungsdrehmoment

Teilaufgabe 1:

Es liegen acht Einzeldrehmassen vor, von denen fünf auf die Motorwelle zu reduzieren sind:

$$\sum \theta_{\text{red}} = \sum_i \frac{\theta_i}{i^2} = \theta_M + \theta_{K1} + \theta_{z1} + \frac{\theta_{z2} + \theta_{z3}}{i_1^2} + \frac{\theta_{z4} + \theta_{K2} + \theta_L}{i_1^2 \, i_2^2}$$

mit den beiden Einzelübersetzungen i_1 und i_2:

$$i_1 = \frac{z_2}{z_1} = \frac{47}{9} = 5,\overline{2}$$

$$i_2 = \frac{z_4}{z_3} = \frac{53}{11} = 4,\overline{81}$$

$$\sum \theta_{red} = = \left(2,0 + 0,2 + 0,01 + \frac{0,25 + 0,2}{5,\overline{2}^2} + \frac{5,0 + 30,0 + 20,0}{5,\overline{2}^2 \, 4,\overline{81}^2} \right) kgm^2 = 2,31\,kgm^2$$

Teilaufgabe 2:

Für den Beschleunigungsfall lautet das auf die Motorwelle bezogene Drehmomentengleichgewicht:

$$M_M - \frac{M_L}{i_1 \, i_2} = \sum \theta_{red} \frac{2\pi n}{t_A}$$

Somit beträgt die Anlaufzeit:

$$t_A = \frac{\sum \theta_{red} 2\pi n}{M_M - \frac{M_L}{i_1 \, i_2}} = \frac{2,31\,kgm^2 \cdot 2 \cdot \pi \cdot 1460\,min^{-1}}{30\,Nm - \frac{300\,Nm}{5,\overline{2}^2 \, 4,\overline{81}^2}} = 19,5\,s$$

Teilaufgabe 3:

Im Nennbetrieb liefert der Motor das Moment, welches erforderlich ist, die Last anzutreiben. Damit ergeben sich die Kupplungsmomente aus dem Lastmoment und den dazwischen liegenden Übersetzungen:

$$M_{K2} = M_L = 300\,Nm$$

$$M_{K1} = \frac{M_L}{i_1 \, i_2} = \frac{300\,Nm}{5,2 \cdot 4,18} = 13,7\,Nm$$

Teilaufgabe 4:

Als Betriebsbedingungen für den Antrieb sind genannt:

- Häufiger Anlauf
- Permanente Volllast mit mäßigen Stößen
- Kupplung Betriebsdauer 8h/Tag

Aus Bild 7.3-2 leitet sich hieraus ein Betriebsfaktor von $c_B = 2,5$ ab.

Die Kupplungsmaximalmomente liegen damit bei:

$$M_{K2\,max} = c_B \cdot M_{K2} = c_B \cdot M_L = 2,5 \cdot 300\,Nm = 750\,Nm$$

$$M_{K1\,max} = c_B \cdot M_{K1} = c_B \frac{M_L}{i_1 \, i_2} = 2,5 \frac{300\,Nm}{5,2 \cdot 4,18} = 34,3\,Nm$$

7.4 Lamellenkupplung

7.4.1 Aufgabenstellung Lamellenkupplung

Eine stets in gleicher Richtung laufende Arbeitsmaschine wird über einen Elektromotor angetrieben, wobei Antrieb und Abtrieb über die gezeigte Lamellenkupplung gekoppelt und getrennt werden können. Der Schaltvorgang findet unter Last statt.

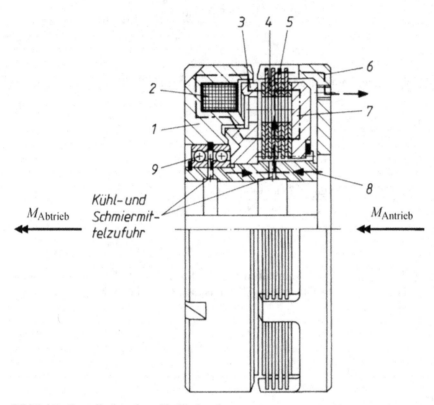

Bild 7.4-1: Lamellenkupplung [Ortlinghaus]

Es liegen folgende Daten vor:

Leistung des Elektromotors	P_{an}	30 kW
Nenndrehzahl	n_{an}	990 min^{-1}
Massenträgheit der beschleunigten Massen	Θ	6 kgm^2
Schaltzahl	z	30 h^{-1}
Verhältnis Schaltmoment/Lastmoment	c	2
Reibpaarungsaußendurchmesser	d_a	176 mm
Reibpaarungsinnendurchmesser	d_i	132 mm
Gleitreibungskoeffizient	μ_G	0,35
Zul. Reibbelagsflächenpressung	p_{zul}	1 N/mm^2
Zul. Reibbelagswärmebelastung	q_{zul}	2,5 kJ/(h cm^2)

Bearbeitungspunkte:

Teilaufgabe 1:

Welche Anzahl an Reibpaarungen ist erforderlich?

Teilaufgabe 2:

Welche Rutschzeit ergibt sich für diesen Antrieb?

Teilaufgabe 3:

Ist die sich ergebende Wärmebelastung der Kupplung akzeptabel?

7.4.2 Mögliche Lösung zur Aufgabe Lamellenkupplung

Teilaufgabe 1: Anzahl Reibpaarungen

Die erforderliche Anzahl Reibpaarungen leitet sich aus dem zu erzielenden Schaltmoment ab.

$$M_\text{s} < p_\text{zul} \cdot A \cdot i \cdot \mu_\text{G} \cdot r_\text{m}$$

mit der Anzahl erf. Reibpaarungen i.

$$i > \frac{M_\text{s}}{p_\text{zul} \cdot A \cdot \mu_\text{G} \cdot r_\text{m}} \qquad \text{mit}$$

$$M_\text{s} = c\, M_\text{L} = c\frac{P_\text{an}}{\omega_\text{an}} = c\frac{P_\text{an}}{2\,\pi\,f_\text{an}} = 2\frac{30\,\text{kW}}{2 \cdot \pi \cdot 990\,\text{min}^{-1}} = 578,7\,\text{Nm}$$

$$A = \frac{\pi}{4}\left(d_\text{a}^2 - d_\text{i}^2\right) = 10643\,\text{mm}^2 \quad ; \quad r_\text{m} = \frac{1}{4}(d_\text{a} + d_\text{i}) = 77\,\text{mm}$$

$$i > 2,02$$

Rein rechnerisch sind drei Reibpaarungen erforderlich. Die praktischen Begebenheiten mögen ergeben, dass auch zwei Reibpaarungen hinreichend sind.

Teilaufgabe 2: Rutschzeit

Annahme einer linearen Anlaufcharakteristik, welche bei unendlich „steiler" Motorkennlinie gegeben wäre.

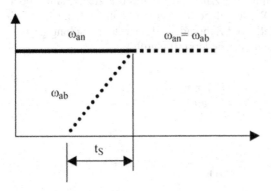

Bild 7.4-2: Anlaufkennlinien

$$\Theta\,\ddot{\varphi} = M_B = M_S - M_L$$

$$\ddot{\varphi} = \frac{\omega_{an}}{t_R} = \frac{M_S - M_L}{\Theta}$$

$$t_R = \frac{\Theta\,2\,\pi\,f_{an}}{M_S - M_L} = \frac{\Theta\,2\,\pi\,f_{an}}{M_L} = \frac{6\ \text{kgm}^2\,2\,\pi\,990\ \text{min}^{-1}}{289,4\ \text{Nm}} = 2,2\ \text{s}$$

Teilaufgabe 3:

Wärmebelastung

$$q_{vorh} = \frac{W_h}{i\,A} = \frac{M_S\,\dfrac{\omega_{an}}{2}\,t_R\,z}{i\,A}$$

$$q_{vorh} = \frac{578,7\ \text{Nm}\,\dfrac{2\,\pi\,\,990\ \text{min}^{-1}}{2}\,2,2\,\text{s}\,30\ \text{h}^{-1}}{3\quad 10643\ \text{mm}^2} = 62\ \text{J}/(\text{h mm}^2)$$

$$q_{vorh} = 6,2\ \text{kJ}/(\text{h cm}^2) > q_{zul} = 2,5\ \text{kJ}/(\text{h cm}^2)$$

Es sind Maßnahmen zu treffen, um die Wärmebelastung der Kupplung zu senken. Z.B. kann die Anzahl der Reibpaarungen über das für die Momentenübertragung erforderliche Maß hinaus gesteigert werden.

$$i > \frac{W_h}{A\,q_{zul}} = \frac{M_S\,\dfrac{\omega_{an}}{2}\,t_R\,z}{A\,q_{zul}} = \frac{578,7\ \text{Nm}\,\dfrac{2\,\pi\,\,990\ \text{min}^{-1}}{2}\,2,2\,\text{s}\,30\ \text{h}^{-1}}{10643\ \text{mm}^2\,2,5\ \text{kJ}/(\text{h cm}^2)} = 7,5$$

7.5 Schaltkupplung

7.5.1 Aufgabenstellung Schaltkupplung

Das Bild 7.5-1 zeigt eine hydraulisch betätigte Lamellenkupplung. Diese wird in einem Getriebe einer Werkzeugmaschine eingesetzt, um eine Zahnradgetriebestufe zuzuschalten oder wegzuschalten. Das über Wälzlager auf der Welle gelagerte Zahnrad bleibt stets im Eingriff. Die Drehmomentenübertragung zwischen Welle und Zahnrad wird über die Kupplung gesteuert. Die Kupplung wird hydraulisch betätigt und über Federkraft gelüftet.

Antrieb allgemein:

Nenndrehzahl	$n = 750\ \text{min}^{-1}$
Massenträgheit der beschleunigten Massen	$\Theta = 8\ \text{kgm}^2$
Lastmoment	$M_L = 200\ \text{Nm}$

Kupplung:

Kupplungsnabendurchmesser	$d_N = 50\ \text{mm}$
Schaltzahl	$z = 20\ \text{h}^{-1}$
Verhältnis Schaltmoment/Lastmoment	$c = 2$
Anzahl der Reibpaare (entgegen der Abbildung)	$i = 4$

Reibpaarungsaußendurchmesser	$d_a = 180$ mm
Reibpaarungsinnendurchmesser	$d_i = 130$ mm
Gleitreibungskoeffizient	$\mu_G = 0,3$
Zul. Reibbelagswärmebelastung	$q_{zul} = 2,6$ kJ/(h cm^2)

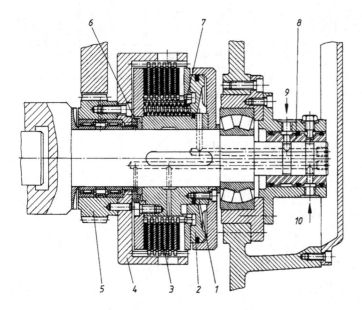

Bild: 7.5-1: Hydraulisch betätigte Lamellenkupplung [Muhs, S.420]

Es liegen folgende Daten vor:

Bearbeitungspunkte:

Teilaufgabe 1:

Für die Welle-Nabe-Verbindung der Kupplung ist eine Passfeder der Form A zu dimensionieren. Berechnen Sie die notwendige Passfederlänge und geben Sie die Bezeichnung der gewählten Passfeder an. Es ist von einer zulässigen Flächenpressung an der Passfeder von 80 N/mm^2 auszugehen.

Teilaufgabe 2:

Abweichend von der Auslegungsdrehzahl wird die Kupplung betrieben um eine Drehzahl von 1250 min^{-1} zu schalten. Berechnen Sie die hierfür erforderliche Schaltzeit.

Teilaufgabe 3:

Überprüfen Sie, ob die Anzahl der vorhandenen Reibpaarungen auch für die unter Teilaufgabe 2 angegebene neue Drehzahl unter Wärmegesichtspunkten ausreicht. Geben Sie gegebenenfalls die Anzahl der erforderlichen Reibpaarungen an.

Teilaufgabe 4:

Wie groß ist die Flächenpressung der Reibbeläge während des Schaltens?

Wellenⲫ über	10	12	17	22	30	38	44	50	58	65	75	85
bis	12	17	22	30	38	44	50	58	65	75	85	95
Passfederbreite	4	5	6	8	10	12	14	16	18	20	22	25
Passfederhöhe	4	5	6	7	8	8	9	10	11	12	14	14
Wellennuttiefe	2,5	3,0	3,5	4,0	5,0	5,0	5,5	6,0	7,0	7,5	9,0	9,0
Nabennuttiefe mit Rückenspiel	1,8	2,3	2,8	3,3	3,3	3,3	3,8	4,3	4,4	4,9	5,4	5,4
Passfederlängen	6 8 10 12 14 16 18 20 22 25 28 32 36 40 45 50 56 63 70 80 90 100 110 125 140 160 180 200 220 250 280 320 360 400											

Bild 7.5-2: Passfederverbindungen nach DIN 6885-1 [ähnlich Hoischen, S.300]

7.5.2 Mögliche Lösung zur Aufgabe Schaltkupplung

Teilaufgabe 1: Passfederverbindung

Die tragende Länge der Passfeder bestimmt sich im Kern auf Grundlage der zulässigen Flächenpressung zwischen Passfeder und Nabe:

$$l_{tr} > \frac{2 \cdot M_t \cdot S}{p_{zul} \cdot d \cdot (h - t_1)} = \frac{2 \cdot c \cdot M_L \cdot S}{p_{zul} \cdot d \cdot (h - t_1)}$$

$$l_{tr} > \frac{2 \cdot 2 \cdot 200 \, \text{Nm} \cdot 1,0}{80 \, \text{N/mm}^2 \cdot 50 \, \text{mm} \cdot (9 \, \text{mm} - 5,5 \, \text{mm})} = 57 \, \text{mm}$$

Wegen der runden Enden der Passfederform A beträgt die Mindestlänge der Passfeder also 57 mm + 14 mm = 71 mm. Geeignet ist demnach eine Passfeder mit 80 mm Länge.

Bezeichnung der Passfeder: Passfeder DIN 6885 – A 14 × 9 × 80.

Teilaufgabe 2: Schaltzeit

Die Schaltzeit ermittelt sich aus dem dynamischen Drehmomentengleichgewicht für den Abtrieb:

$$\Theta \ddot{\varphi} = M_B = M_S - M_L$$

$$\ddot{\varphi} = \frac{\omega}{t_S} = \frac{M_S - M_L}{\Theta}$$

$$t_S = \frac{\Theta \, 2 \pi f}{M_S - M_L} = \frac{\Theta \, 2 \pi f}{M_L} = \frac{8 \, \text{kgm}^2 \, 2 \pi 1250 \, \text{min}^{-1}}{200 \, \text{Nm}} = 5,2 \, \text{s}$$

Teilaufgabe 3: Anzahl Reibpaarungen

Die erforderliche Anzahl Reibpaarungen bestimmt sich aufgrund der Limitierung der Reibleistung:

$$q_{\text{vorh}} = \frac{W_h}{i\,A} = \frac{M_S\,\dfrac{\omega_{\text{an}}}{2}\,t_S\,z}{i\,A}$$

$$q_{\text{vorh}} = \frac{400\ \text{Nm}\,\dfrac{2\,\pi\,1250\,\text{min}^{-1}}{2}\,5,2\,\text{s}\,20\,\text{h}^{-1}}{4\quad 12173\ \text{mm}^2} = 5,6\ \text{kJ/(h\,cm}^2)$$

$$q_{\text{vorh}} = 5,6\,\text{kJ/(h\,cm}^2) > q_{\text{zul}} = 2,6\ \text{kJ/(h\,cm}^2)$$

$$i > \frac{W_h}{A\,q_{\text{zul}}} = \frac{M_S\,\dfrac{\omega_{\text{an}}}{2}\,t_S\,z}{A\,q_{\text{zul}}} = \frac{400\ \text{Nm}\,\dfrac{2\,\pi\,1250\,\text{min}^{-1}}{2}\,5,2\,\text{s}\,20\,\text{h}^{-1}}{12173\ \text{mm}^2\,2,6\ \text{kJ/(h\,cm}^2)} = 8,6$$

Aus Sicht der Wärmebilanz sind 10 Reibpaarungen erforderlich. Die vorhandenen 4 Reibpaarungen sind also deutlich nicht ausreichend.

Anmerkung:
Die vorliegende Kupplung hat einen Aufbau der Gestalt, dass das Lamellenpaket auf beiden Seiten mit der Innenlamelle abschließt. Soll dieses Prinzip auch bei Veränderung der Anzahl Reibpaarungen erhalten bleiben, so führt dies zu einer geraden Anzahl an Reibpaarungen. Deshalb kommt es in der Lösung nicht zu einer Wahl von 9 Reibpaarungen.

Teilaufgabe 4: Flächenpressung

$$M_s = c\,M_L = p\,A\,i\,\mu_G\,r_m$$

$$A = \frac{\pi}{4}\left(d_a^2 - d_i^2\right) = 12173\ \text{mm}^2$$

$$r_m = \frac{1}{4}(d_a + d_i) = 77,5\ \text{mm}$$

$$p_{\text{vorh}} = \frac{c\cdot M_L}{A\cdot i\cdot \mu_G\cdot r_m} = \frac{2\cdot 200\ \text{Nm}}{12173\ \text{mm}^2\,\cdot 10\cdot 0,3\cdot 77,5\ \text{mm}} = 0,14\ \text{N/mm}^2$$

7.6 Hydraulisch betätigte Schiffskupplung

7.6.1 Aufgabenstellung Schiffskupplung

Betrachtet wird der Antrieb des Propellers eines Schiffs. Der Propeller wird durch einen Dieselmotor über ein Getriebe angetrieben. Der Propeller kann dem Antrieb über eine hydraulisch angesteuerte Lamellenkupplung (Bild 7.6-1) zugeschaltet werden. Die hydraulische Kupplung bietet die Möglichkeit der Steuerung durch Einstellung des hydraulischen Drucks.

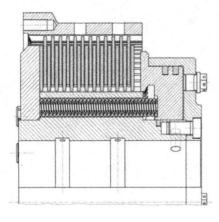

Bild 7.6-1:
Hydraulisch betätigte Lamellenkupplung [Ortling-
haus]

Die Möglichkeit der Steuerung des hydraulischen Drucks soll für eine Anwendung ausgenutzt
werden und die Resultate diskutiert werden. Der betrachtete Antriebsstrang hat folgende Daten:

Nennleistung	$P_{nenn} = 2700$ kW
Nenndrehzahl	$n_{nenn} = 900$ min^{-1}
Nenndrehmoment	$M_{nenn} = 28648$ Nm
Max. Betriebsdruck der Kupplung	$p_{max} = 24$ bar
Kupplungsmoment bei max. Betriebsdruck	$M_{max} = 41000$ Nm
Massenträgheit Antrieb	$\theta_{an} = 303$ kgm^2
Massenträgheit Abtrieb	$\theta_{ab} = 653$ kgm^2
Drehzahl Antrieb bei Rutschbeginn	$n_{an} = 550$ min^{-1}
Drehzahl Abtrieb bei Rutschbeginn	$n_{ab} = 0$ min^{-1}

Der erste zu betrachtende Schaltvorgang wird wie folgt gefahren. Zunächst wird der Ansteuer-
druck der Kupplung binnen einer halben Sekunde auf 8 bar gefahren und anschließend bis zum
Ablauf der sechsten Sekunde konstant gehalten. Anschließend erfolgt wiederum binnen einer
halben Sekunde die Erhöhung des Drucks auf den Maximalwert von 25 bar.

Verglichen wird dieser Vorgang mit einer Ansteuerung, die eine sukzessive Steigerung des
Drucks vorsieht. Zunächst wird der Druck binnen einer halben Sekunde auf 3 bar gebracht.
Anschließend steigt der Druck linear bis zum Ende der 15. Sekunde auf 8 bar an. Abschlie-
ßend wird der Druck wie gehabt binnen einer halben Sekunde auf den Maximaldruck von 24
bar erhöht.

Die Bilder 7.6-2 und 7.6-3 zeigen die Ergebnisse der Simulation der sich ergebenden Vorgän-
ge. Aufgetragen sind jeweils im oberen Diagramm der Druckverlauf über der Zeit, im mittleren Diagramm Motormoment, Kupplungsmoment und Lastmoment über der Zeit sowie im
unteren Diagramm Antriebs- und Abtriebsdrehzahl über der Zeit.

Weiterhin sind folgende Berechnungsergebnisse bekannt:

	Schaltvorgang 1	Schaltvorgang 2
Synchrondrehzahl in min^{-1}	378,2	538,3
Max. spez. Reibleistung in W/mm^2	0,46	0,16
Spez. Schaltarbeit in J/mm^2	0,78	1,52
Schaltarbeit in kJ	1010,8	1965,9
Rutschzeit in s	3,18	14,2
Temperaturerhöhung in K	24,7	48,0

Bearbeitungspunkte:

Teilaufgabe 1:

Diskutieren Sie die Drehmoment- und Drehzahlverläufe.

Teilaufgabe 2:

Diskutieren Sie die energetischen Größen.

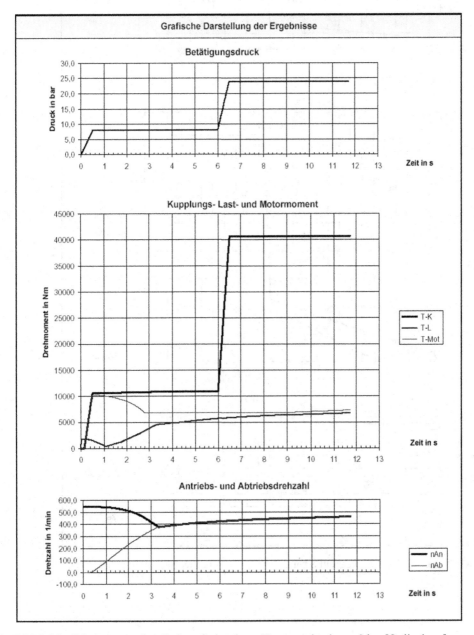

Bild 7.6-2: Schaltvorgang bei direkt aufgebrachtem Vorsteuerdruck von 8 bar [Ortlinghaus]

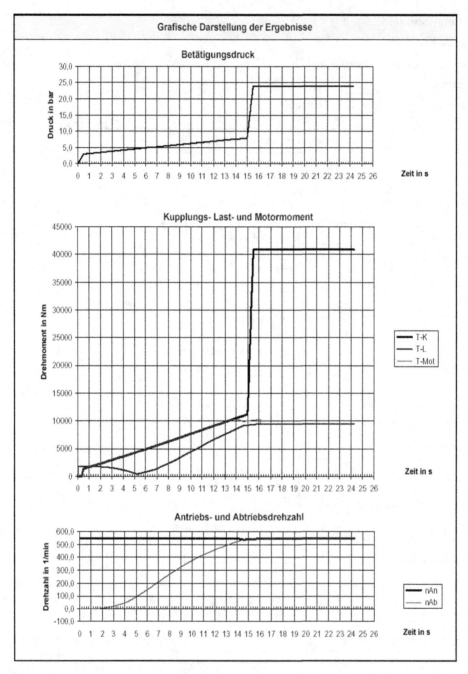

Bild 7.6-3: Schaltvorgang bei linear auf 8 bar gesteigertem Vorsteuerdruck [Ortlinghaus]

7.6.2 Mögliche Lösung zur Aufgabe Schiffskupplung

Teilaufgabe 1: Drehmoment- Drehzahlverläufe

Durch das direkte Aufbringen eines Drucks von 8 bar im ersten betrachteten Fall wird das übertragbare Kupplungsmoment schnell auf über 10000 Nm gebracht. Dieses Drehmoment wird anfänglich auch in etwa durch die Kupplung übertragen, da der Motor bei der Ausgangsdrehzahl ein entsprechendes Moment liefert. In Folge des erforderlichen Beschleunigungsmomentes für den Abtrieb wird der Motor allerdings deutlich gebremst, so dass er im Laufe von drei Sekunden auf eine Drehzahl unter 400 min^{-1} abfällt. Durch diesen Drehzahlabfall liefert der Motor wiederum weniger Drehmoment. Dieser Sachverhalt und das infolge des beschleunigten Abtriebs zunehmende Lastmoment führen zu einer etwas verlangsamten Beschleunigung des Abtriebs. Nach gut drei Sekunden laufen Antrieb und Abtrieb synchron. Das verfügbare Motordrehmoment steht nun voll zur Verfügung, um den gesamten Abtriebsstrang auf die Drehzahl zu beschleunigen, bei der Motormoment und Lastmoment im Gleichgewicht stehen. Dieser Prozess nimmt allerdings sehr viel Zeit in Anspruch, da das zur Verfügung stehende Beschleunigungsmoment nach der Synchronisation auf niederem Drehzahlniveau relativ gering ausfällt. Die Steigerung des Kupplungsdrucks auf 24 bar und das Ansteigen des übertragbaren Kupplungsmomentes auf über 40000 Nm ist für den Vorgang nicht bedeutsam, da der Motor zu keinem Moment in der Lage ist, entsprechend hohe Momente bereit zu stellen.

Nach der zweiten Vorgehensweise wird der Druck von 3 bar ausgehend zunächst langsam, d.h. innerhalb 15 Sekunden auf 8 bar gesteigert. Damit ist anfänglich der Druck zu niedrig, um überhaupt das Lastmoment zu überwinden und den Abtrieb zu beschleunigen. In der Folge wird der Abtrieb beschleunigt. Durch das relativ niedrige Kupplungsmoment geschieht dieser Vorgang langsamer als bei direkter Aufbringung von 8 bar Druck. Allerdings kann aus gleichem Grunde der Motor seine Ausgangsdrehzahl fast stabil halten. Deshalb kann über ca. 14 Sekunden Dauer tatsächlich das Kupplungsmoment genutzt werden, um den Abtrieb zu beschleunigen. Erst dann tritt kurzfristig die Situation ein, dass der Motor das Kupplungsmoment nicht mehr liefern kann. Erst relativ spät, nach gut 14 Sekunden, kommt es zur Synchronisation der beiden Seiten. Da diese auf hohem Drehzahlniveau stattfindet, ist bereits nach zwei weiteren zwei Sekunden der stationäre Zustand erreicht. Auch bei diesem Prozess ist die nach 15 Sekunden erfolgende Erhöhung des Drucks auf 24 bar nicht von Einfluss.

Teilaufgabe 2: Energetische Größen

Der Schaltvorgang mit direkter Aufbringung eines hohen Drucks geht schneller vonstatten. Dies ist gleichbedeutend mit der Tatsache, dass eine höhere Reibleistung anfällt. Dies ist allerdings nicht zu verwechseln mit dem totalen Wärmeanfall. Bedingt durch die lange Rutschzeit von über 14 Sekunden, wird bei einem sanften Anfahren mehr Reibarbeit und damit Wärme erzeugt. Dies ist deutlich zu erkennen an dem in etwa doppelt so hohen zu erwartenden Temperaturanstieg im Lamellenpaket. Hieraus leiten sich unterschiedliche Anforderungen an den einzusetzenden Reibbelag ab. Während bei langsamem Schalten die thermischen Eigenschaften wie Wärmekapazität, Wärmeleitfähigkeit und Temperaturtoleranz im Vordergrund stehen, stellt das schnelle Schalten tendenziell höhere Anforderungen an die mechanischen Eigenschaften des Belags.

Anmerkung:
Technische System sind grundsätzlich zu einem bestimmten Grad Ausfall gefährdet. Für den Schraubenantrieb besteht ein potentielles Risiko darin, dass die Hydraulikanlage keinen Druck mehr liefert, die Lamellenkupplung nicht mehr geschaltet werden kann und somit kein Antrieb des Schiffes mehr vorliegt. Alleine aus Sicherheitsgründen muss diese Konstellation abgefangen werden können. Deshalb ist an der

Kupplung eine so genannte Notschaltmöglichkeit vorgesehen (Bild 7.6-4). Durch betätigen der Not-
schaltschraube kann der Kolben der Kupplung mechanisch bewegt werden und somit eine Pressung
zwischen den Lamellen der Kupplung hergestellt werden.

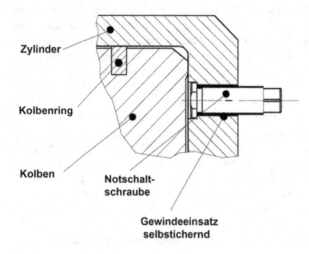

Bild 7.6-4: Notschaltung [Ortlinghaus]

7.7 Reibbelag Lamellenkupplung

7.7.1 Aufgabenstellung Lamellenkupplung

Gegeben sind die im Bild 7.7-1 dargestellten Informationen zu der Reibpaarung Stahl/Sinter-
belag einer nass laufenden Lamellenkupplung:

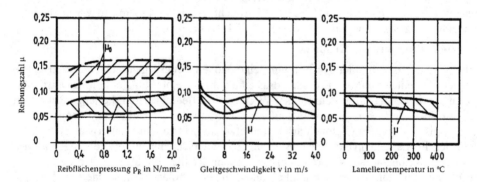

Bild 7.7-1: Reibbeiwert einer Reibpaarung Stahl/Sinterbelag [Ortlinghaus]

Bearbeitungspunkte:

Teilaufgabe 1:

Statische und dynamische Reibbeiwerte sind toleranzbehaftet. Legen Sie Ihrer Auslegungsbe-
rechnung für eine Lamellenkupplung die minimalen oder maximalen Werte zugrunde?

Teilaufgabe 2:

Quantifizieren Sie den Unterschied zwischen statischem und dynamischem Reibbeiwert. Welche Konsequenzen hat der Unterschied für den Anlagenbetrieb?

Teilaufgabe 3:

Der dynamische Reibbeiwert nimmt mit abnehmender Gleitgeschwindigkeit zusehends zu. Welche Bedeutung kann diese Charakteristik für die Beanspruchung der Anlage und die Ergonomie eines Bedieners haben?

Teilaufgabe 4:

Mit zunehmender Lamellentemperatur nimmt der Reibbeiwert ab. Was folgt hieraus für eine unter hoher Last angefahrene Anlage, deren Schaltmoment unwesentlich über dem Lastmoment liegt?

7.7.2 Mögliche Lösung zur Aufgabe Reibbelag Lamellenkupplung

Teilaufgabe 1: Toleranz Reibbeiwert

Dies hängt davon ab, welche Prozesse betrachtet werden:

Während des Hochlaufens einer Kupplung ist in der Regel eine bestimmte Hochlaufzeit nicht zu unterschreiten. Um dies zu gewährleisten ist in der Rechnung der minimal denkbare dynamische Reibbeiwert zu berücksichtigen.

Ist nachzuweisen, dass bei auftretendem maximalem dynamischem Reibbeiwert keine zu großen Schwingungen induziert werden, so ist eben dieser Reibbeiwert beim Anlaufen des Antriebs zu berücksichtigen.

Läuft die Kupplung ohne Last an, so ist zu prüfen, ob der minimale statische Reibbeiwert hinreichend ist, um das maximale Drehmoment im Betrieb zu übertragen.

Handelt es sich um eine Kupplung mit Sicherheitsfunktion so ist zu prüfen, dass das übertragbare Kupplungsmoment bei maximalem statischen Reibbeiwert nicht zu groß ausfällt.

Teilaufgabe 2: Konsequenz aus Unterschied statischer/dynamischer Reibbeiwert

Der Faktor zwischen statischem und dynamischem Reibbeiwert beträgt ca. 1,6 – 2,4.

Die Differenz zwischen schaltbarem Drehmoment und Kupplungsmoment fällt entsprechend aus. Dies führt zu Problemen, wenn die Kupplung auch eine Sicherheitsfunktion erfüllen soll. Darüber hinaus wächst hierdurch der Reibbeiwert bei nachlassender Gleitgeschwindigkeit entsprechend an.

Teilaufgabe 3: Charakteristik dynamischer Reibbeiwert

Der anwachsende Reibbeiwert mit nachlassender Relativgeschwindigkeit führt quasi zu einem „Ansaugen" des Abtriebs an den Antrieb. Hierdurch Erhält der Abtrieb kurz vor Ende der Beschleunigungsphase einen Impuls, was zu vergrößerter Beanspruchung und abgesenkter Ergonomie führen kann.

Teilaufgabe 4: Zunehmende Temperatur

In der geschilderten Situation ist der Beschleunigungsmomentenanteil am Schaltmoment klein. Senkt sich nun das Schaltmoment infolge gestiegener Temperatur ab, so geht das Beschleunigungsmoment evtl. bis zu seinem kompletten Verlust zurück. Resultat wäre ein dauerhaftes Durchrutschen der Kupplung, da die Wärmeentwicklung in diesem Zustand aller Wahrschein-

lichkeit höher ausfällt als die Wärmeabfuhr. Der Abtrieb kann erst nach einer längeren Ab-
kühlphase wieder angefahren werden.

7.8 Fliehkraftkupplung

7.8.1 Aufgabenstellung Fliehkraftkupplung

Es liegt eine Antriebseinheit bestehend aus Motor, Kupplung und Last (Bild 7.8-1) vor.

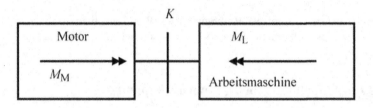

Bild 7.8-1:
Antriebsstruktur

Für die Kupplung kommen als Varianten eine elastische Kupplung und zwei verschiedene
Fliehkraftkupplungen, wie in Bild 7.8-2 dargestellt, in Betracht.

Bild 7.8-2: Aufgeschnittene Fliehkraftkupplung [Desch]

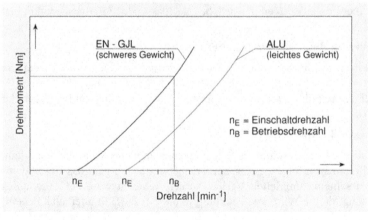

Bild 7.8-3:
Kennlinien für Flieh-
kraftkupplungen mit
Fliehkörpern verschie-
dener Dichte [Desch]

Die Kennlinien der Komponenten des Antriebsstrangs sind in Bild 7.8-4 gezeigt.

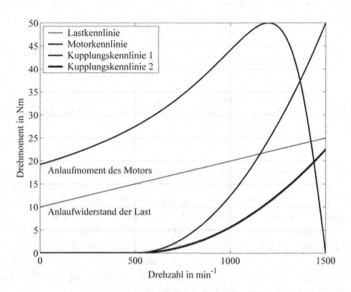

Bild 7.8-4: Kennlinien von Motor, Kupplungen und Last

Kenndaten:

Motor
$$\theta_M = 1,0 \text{ kgm}^2$$
$$M_K = 50 \text{ Nm}$$
$$s_K = 0,25$$

Kupplung
$$\theta_{K1} = 1,0 \text{ kgm}^2$$
$$\theta_{K2} = 1,0 \text{ kgm}^2$$

Last
$$\theta_L = 6,0 \text{ kgm}^2$$
$$M_L = (n - 500 \text{ min}^{-1})^2 \text{ Nm}/20000 \text{ min}^{-2}$$

Bearbeitungspunkte:

Teilaufgabe 1:

Welches Anlaufverhalten zeigt der Antrieb bei Verwendung einer elastischen Ausgleichskupplung zwischen Motor und Last?

Teilaufgabe 2:

Wie sieht das Anlaufverhalten mit einer Fliehkraftkupplung (Kennlinie 2 laut Diagramm) aus?

Teilaufgabe 3:

Wie sieht das Anlaufverhalten mit einer Fliehkraftkupplung (Kennlinie 1 laut Diagramm) aus?

Teilaufgabe 4:

Bis zu welcher Drehzahl rutscht die Fliehkraftkupplung laut Kennlinie 1 durch?

Teilaufgabe 5:

Welchen stabilen Betriebspunkt erreicht die Anordnung mit der Fliehkraftkupplung laut Kennlinie 1?

Teilaufgabe 6:

Welche Anlaufzeit erwarten Sie für den Antrieb bei Einsatz der Fliehkraftkupplung laut Kennlinie 1?

7.8.2 Mögliche Lösung zur Aufgabe Fliehkraftkupplung

Teilaufgabe 1:

Da das Lastmoment bei kleinen Drehzahlen relativ gering ist, wird der Antriebsstrang ohne Probleme beschleunigen. Der Betriebspunkt für den stationären Betrieb befindet sich im Schnittpunkt der Kennlinien von Motor und Last bei ca. 1400 min^{-1}.

Teilaufgabe 2:

Kennzeichnend für die hier verwendeten Fliehkraftkupplungen ist, dass das übertragbare Drehmoment erst bei höheren Drehzahlen größer Null ist – mit zunehmender Drehzahl dann aber stark wächst. Im konkreten Fall wird bis zu Drehzahlen von 500 min^{-1} überhaupt kein Drehmoment übertragen. Dann setzt die Drehmomentübertragung ein, allerdings ist bis zu Drehzahlen von ca. 1200 min^{-1} das Moment zu gering, um die Last gegen das Lastmoment anzufahren. Bei höheren Drehzahlen beschleunigt der Motor die Last. Der Motor fährt hoch bis in der stationären Betriebspunkt bestimmt durch den Kennlinienschnittpunkt von Motor und Kupplung. Hier wird ein Drehmoment von lediglich ca. 19 Nm geliefert, wodurch die Last nur auf eine Drehzahl von ca. 850 min^{-1} hochgefahren wird. In diesem Zustand des permanenten Schlupfes in der Kupplung verbleibt der Antriebsstrang – die Last erreicht keine Drehzahl in der Nähe der Motorsynchrondrehzahl.

Teilaufgabe 3:

Die jetzt verwendete Kupplung zeigt zunächst das gleiche Anlaufverhalten wie die erste Kupplung, kann dann aber das übertragbare Drehmoment mit der Drehzahl stärker steigern. Hierdurch kann im höheren Drehzahlbereich die Kupplung stets für das Hochfahren der Last erforderliche Drehmoment liefern. Bis zu einer Drehzahl von ca. 1300 min^{-1} wird die Last mit schlupfender Kupplung beschleunigt. Anschließend erfolgt die Beschleunigung in den stationären Betriebspunkt bei ca. 1400 min^{-1} ohne Schlupf in der Kupplung.

Teilaufgabe 4:

Schlupf kann nur vorliegen, solange die Kupplung ein geringeres Drehmoment übertragen kann als der Motor liefert. Schlupf liegt also im Diagramm links des Schnittpunktes der Kennlinien von Motor und Kupplung vor. Rechts davon liegt kein Schlupf vor.

Teilaufgabe 5:

Der stabile Betriebspunkt wird durch den Schnittpunkt der Kennlinien von Motor und Last bei ca. 1400 min^{-1} gebildet.

Teilaufgabe 6:

Zur Vereinfachung der Berechnung werden mittlere Drehmomente von Motor, Kupplung und Last herangezogen. Folgende vier Phasen werden unterschieden:

Kupplungsmoment gleich Null:

$$t_{A1} = \frac{(\theta_M + \theta_{K1})\, 2\,\pi\, n_1}{M_M - M_L} = \frac{(1{,}0 + 1{,}0)\,\mathrm{kgm}^2\, 2\,\pi\, 500\,\mathrm{min}^{-1}}{28{,}5\,\mathrm{Nm} - 0\,\mathrm{Nm}} = 3{,}7\,\mathrm{s}$$

Kupplungsmoment kleiner Lastmoment:

$$t_{A2} = \frac{(\theta_M + \theta_{K1})\,2\,\pi\,(n_2 - n_1)}{M_M - M_L} = \frac{(1,0 + 1,0)\,\text{kgm}^2\,2\,\pi\left(950\,\text{min}^{-1} - 500\,\text{min}^{-1}\right)}{40,0\,\text{Nm} - 3,5\,\text{Nm}} = 2,6\,\text{s}$$

Motormoment größer Kupplungsmoment:

$$t_{A3} = \frac{(\theta_L + \theta_{K2})\,2\,\pi\,n_3}{M_M - M_L} = \frac{(6,0 + 1,0)\,\text{kgm}^2\,2\,\pi\,1300\,\text{min}^{-1}}{46,0\,\text{Nm} - 16,5\,\text{Nm}} = 32,3\,\text{s}$$

Potentielles Kupplungsmoment größer Motormoment:

$$t_{A4} = \frac{(\theta_M + \theta_{K1} + \theta_{K2} + \theta_L)\,2\,\pi\,(n_4 - n_3)}{M_M - M_L}$$

$$t_{A4} = \frac{(1,0 + 1,0 + 1,0 + 6,0)\,\text{kgm}^2\,2\,\pi\left(1400\,\text{min}^{-1} - 1300\,\text{min}^{-1}\right)}{29,0\,\text{Nm} - 23,0\,\text{Nm}} = 15,7\,\text{s}$$

Hieraus ergibt sich die abgeschätzte Gesamtanlaufzeit:

$$t_A = 54,3\,\text{s}$$

Für eine genauere Betrachtung müsste eine genauere dynamische Analyse unter Berücksichtigung der exakten Kennlinienverläufe durchgeführt werden.

8 Getriebe

8.1 Stirnradgetriebe

8.1.1 Aufgabenstellung Stirnradgetriebe

Das Bild 8.1-1 zeigt ein Stirnradgetriebe einer Motor-Getriebe-Kombination. Bei dem Getriebe handelt es sich um ein zweistufiges Getriebe, dessen Eingangs- und Ausgangswelle nahezu koaxial angeordnet sind. Zur Vereinfachung von Transport, Montage und Demontage ist am Getriebegehäuse eine Augenschraube angebracht.

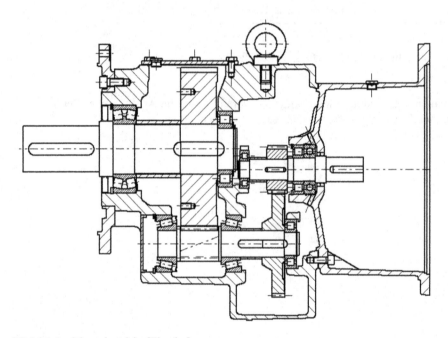

Bild 8.1-1: Stirnradgetriebe [Flender]

Bearbeitungspunkte:

Teilaufgabe 1:

Erläutern Sie den Kraftfluss vom Getriebeeingang bis zum Getriebeausgang.

Teilaufgabe 2:

Erläutern Sie die Lagerung von Motorwelle, Getriebezwischenwelle und Getriebeausgangswelle insbesondere unter dem Aspekt des Festlager-Loslager-Prinzips.

Teilaufgabe 3:

Zeichnen Sie die Getriebeausgangswelle mit allen an ihr angreifenden Kräften auf. Am Abtrieb tritt lediglich ein Abtriebsdrehmoment auf. In der Verzahnung wirken eine Umfangskraft und eine Radialkraft auf das Zahnrad.

Teilaufgabe 4:

Welche äquivalenten Lagerkräfte sind auf Grundlage der Kräfte aus Teilaufgabe 3 für die Auslegung der Lager der Getriebeausgangswelle zu berücksichtigen?

Teilaufgabe 5:

Was passiert, wenn der Abtrieb des Getriebes blockiert wird und von einer sehr hohen Drehträgheit des Motors ausgegangen werden muss?

Teilaufgabe 6:

Wie kann dem zu erwartenden Ereignis aus Teilaufgabe 5 vorgebeugt werden?

8.1.2 Mögliche Lösung zur Aufgabe Stirnradgetriebe

Teilaufgabe 1: Kraftfluss

Passfeder – 1. Getriebewelle – Passfeder - Zahnrad auf der 1. Getriebewelle - Zahnrad auf der 2. Getriebewelle – Passfeder – 2. Getriebewelle – Ritzel an der 2. Getriebewelle - Zahnrad auf der 3. Getriebewelle - Passfeder – 3. Getriebewelle – Passfeder.

Teilaufgabe 2: Lagerungen

Getriebeeingangswelle: Links Loslager, rechts Festlager.

Getriebezwischenwelle: Links und in der Mitte angestellte Lagerung, Rechts Loslager. Getriebeausgangswelle: Links Festlager, Rechts Loslager.

Teilaufgabe 3: Angreifende Kräfte an der Welle

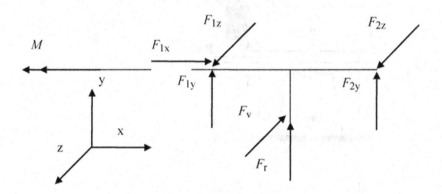

Bild 8.1-2: Frei geschnittene Welle

Teilaufgabe 4: Äquivalente Lagerbelastungen

Loslager: $F = F_r = \sqrt{F_{2y}^2 + F_{2z}^2}$

Festlager: $F = X\,F_r + Y\,F_a = X\sqrt{F_{1y}^2 + F_{1z}^2} + Y\,F_{1x}$

Teilaufgabe 5: Blockierender Abtrieb

Es treten sehr hohe Drehmomente auf, da die gesamte verfügbare kinetische Energie in Verformung umgesetzt wird. Da alle Welle-Nabe-Verbindungen und Zahneingriffe formschlüssig sind, wird bei zu hohen Drehmomenten zumindest eine Verbindung zerstört.

Teilaufgabe 6: Maßnahmen gegen Schaden

Zur Vermeidung eines Schadens ist zumindest ein Element vorzusehen, welches vor dem Aufbau zu hoher Momente eine Unterbrechung der Drehmomentenübertragung realisiert. Dies können z.B. sein: Reibschlüssige Welle-Nabe-Verbindung, Rutschkupplung.

8.2 Drehkranz

8.2.1 Aufgabenstellung Drehkranz

Das Bild 8.2-1 zeigt schematisch einen Drehkran. Mit dem Kran können Lasten transportiert werden. Auf einer fest stehenden oder verfahrbaren Säule ist um eine vertikale Achse drehbar das Drehteil gelagert. Die Drehbewegung des Drehteils wird über Getriebemotor, Ritzel und Drehkranz vorgenommen. Auf dem Drehteil befinden sich Hubwerk, Seiltrieb und Lastaufnahmemittel, über die Lasten aufgenommen werden können.

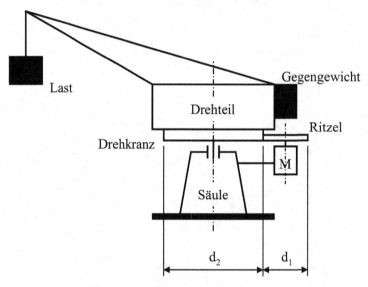

Bild 8.2-1: Drehkran in schematischer Darstellung

Die Teilkreisdurchmesser sind bekannt: $d_1 = 0,3$ m; $d_2 = 2,5$ m

Drehkrane kommen in verschiedensten Anwendungen zum Einsatz. Eine Variante sind Hafenmobilkrane, wie im Bild 8.2-2 dargestellt. Diese Geräte sind frei verfahrbar und werden beispielsweise für den Stückgutumschlag, hier Container, eingesetzt.

Bild 8.2-2:
Hafenmobilkran im Containerumschlag [Gott-
wald]

Bearbeitungspunkte:

Teilaufgabe 1:

Wie groß ist die Übersetzung des vorliegenden Zahnradgetriebes?

Teilaufgabe 2:

Der Kran soll sich in zwei Minuten einmal um seine Achse drehen. Berechnen Sie hierfür die erforderliche Motorausgangsdrehzahl.

Teilaufgabe 3:

Um in Beharrung das Drehteil drehen zu können, ist bezogen auf die Drehteilachse ein Drehmoment von 1500 Nm erforderlich. Wie hoch muss das Motorausgangsdrehmoment sein?

Teilaufgabe 4:

Legen Sie für die gegebenen Daten eine geradverzahnte Evolventenverzahnung mit $m = 10$ mm für Ritzel und Drehkranz fest. Geben Sie für diese Verzahnung die geometrischen Daten an.

8.2.2 Mögliche Lösung zur Aufgabe Drehkranz

Teilaufgabe 1: Übersetzung

$$i = \frac{n_1}{n_2} = \frac{d_2}{d_1} = \frac{2,5 \text{ m}}{0,3 \text{ m}} = 8,\overline{3}$$

Teilaufgabe 2: Motorausgangsdrehzahl

$$i = \frac{n_1}{n_2}$$

$$n_1 = i \cdot n_2 = 8,\overline{3} \cdot 0,5\,\text{min}^{-1} = 4,1\overline{6}\,\text{min}^{-1}$$

Teilaufgabe 3: Motorausgangsdrehmoment

$$i = \frac{M_2}{M_1}$$

$$M_1 = \frac{M_2}{i} = \frac{1500\ \text{Nm}}{8,\overline{3}} = 180\ \text{Nm}$$

Teilaufgabe 4: Verzahnungsdaten

Gewählt wird eine Evolventenverzahnung ohne Profilverschiebung (Null-Verzahnung) mit einem Betriebseingriffswinkel von 20°.

Zähnezahlen:

$$z_1 = \frac{d_1}{m} = \frac{300\ \text{mm}}{10\ \text{mm}} = 30 \ ; \ z_2 = \frac{d_2}{m} = \frac{2500\ \text{mm}}{10\ \text{mm}} = 250$$

Kopfkreisdurchmesser:

$$d_{a1} = d_1 + 2\ \text{m} = 300\ \text{mm} + 2 \cdot 10\ \text{mm} = 320\ \text{mm}$$

$$d_{a2} = d_2 + 2\ \text{m} = 2500\ \text{mm} + 2 \cdot 10\ \text{mm} = 2520\ \text{mm}$$

Fußkreisdurchmesser:

$$d_{f1} = d_1 - 2,5\ \text{m} = 300\ \text{mm} - 2,5 \cdot 10\ \text{mm} = 275\ \text{mm}$$

$$d_{f2} = d_2 - 2,5\ \text{m} = 2500\ \text{mm} - 2,5 \cdot 10\ \text{mm} = 2475\ \text{mm}$$

Grundkreisdurchmesser:

$$d_{b1} = d_1 \cdot \cos\alpha = 300\ \text{mm} \cdot \cos 20° = 281,907\ \text{mm}$$

$$d_{b2} = d_2 \cdot \cos\alpha = 2500\ \text{mm} \cdot \cos 20° = 2349,232\ \text{mm}$$

Achsabstand:

$$a = \frac{1}{2}(d_1 + d_2) = \frac{1}{2}(300\ \text{mm} + 2500\ \text{mm}) = 1400\ \text{mm}$$

8.3 Schiffsgetriebe

8.3.1 Aufgabenstellung Schiffsgetriebe

Ein Schiffsgetriebe besteht aus einer geradverzahnten Stirnradstufe ohne Profilverschiebung. Der Achsabstand beträgt $a = 600$ mm. Die Antriebsdrehzahl des Getriebes beträgt $n_1 = 35$ s^{-1}. Bei einer Ausgangsdrehzahl von $n_2 = 10$ s^{-1} soll eine Leistung von $P_2 = 1500$ kW abgegeben werden. Die Abstände der Ritzelwellenlager vom Ritzel betragen $l_1 = 250$ mm und $l_2 = 220$ mm.

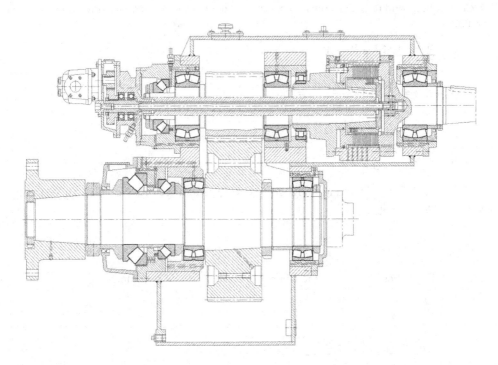

Bild 8.3-1: Schiffsgetriebe [FAG]

Aufgabenstellung:

Teilaufgabe 1:

Wie groß sind die Übersetzung i_{soll}, die Zähnezahlen z_1 und z_2 bei einem Modul von $m_n = 8$ mm, das tatsächliche Übersetzungsverhältnis i_{ist} sowie die Abweichung Δi von der Solldrehzahl, die ± 3 % nicht überschreiten soll.

Teilaufgabe 2:

Der Eingriffswinkel beträgt $\alpha = 20°$. Wie groß sind die Teilkreisdurchmesser d_1 und d_2, die Grundkreisdurchmesser d_{b1} und d_{b2}, das Abtriebsdrehmoment M_2, das erforderliche Antriebsdrehmoment M_1 bei einem Getriebewirkungsgrad von $\eta = 0,98$, sowie die Zahnnormalkraft F_{bn}.

Teilaufgabe 3:

Wie groß sind die Lagerkräfte aus der Zahnkraft F_{bn} an den Lagern der Ritzelwelle und welche Lagerkräfte ergeben sich, wenn bei gleichem Antriebsmoment der Eingriffswinkel auf $\alpha' = 28$ erhöht wird?

8.3.2 Mögliche Lösung zur Aufgabe Schiffsgetriebe

1. Teilaufgabe: Übersetzung

Die Sollübersetzung ergibt sich aus dem gewünschten Drehzahlverhältnis:

$$i_{soll} = \frac{\omega_1}{\omega_2} = \frac{n_1}{n_2} = \frac{35 \text{s}^{-1}}{10 \text{s}^{-1}} = 3,5$$

Die Zähnezahlen sind über den Achsabstand und den zu verwendenden Modul in ihrer Summe bestimmt:

$$a = \frac{m_t(z_1 + z_2)}{2} = \frac{m_n(z_1 + z_2)}{2}$$

$$(z_1 + z_2) = \frac{2\,a}{m_n} = \frac{2\,600\ \text{mm}}{8\ \text{mm}} = 150$$

$$(z_1 + z_2) = (z_1 + i\,z_1) = z_1(1 + i)$$

$$z_1 = \frac{z_1 + z_2}{1 + i} = \frac{150}{4,5} = 33,\bar{3}$$

Da aus Gründen der Lebensdauer möglichst keine geradzahligen Zähnezahlen zu verwenden sind, wird hier gewählt:

$$z_1 = 33$$

$$z_2 = (z_1 + z_2) - z_1 = 150 - 33 = 117$$

Damit sind die Istübersetzung und die Übersetzungsabweichung bestimmt:

$$i_{\text{ist}} = \frac{z_2}{z_1} = \frac{117}{33} = 3,55$$

$$\Delta i = \frac{i_{\text{ist}} - i_{\text{soll}}}{i_{\text{soll}}} = \frac{3,55 - 3,5}{3,5} = 0,0143 = +1,43\% \leq 3\%$$

Anmerkung:

Wie auch dieser Aufgabe zu entnehmen ist, stellen die Übersetzungen von Getrieben – auch aus Gründen einer zu erzielenden hohen Lebensdauer – in der Regel relativ „krumme" Zahlen dar. Diese werden oftmals in Ihrer konkreten Ausprägung von den Herstellern gar nicht im Detail benannt.

Dies hat in vielen Fällen keine negativen Konsequenzen. Zum einen sind viele Anwendungen nicht auf präzise Drehzahlen und damit entsprechend genaue Übersetzungen angewiesen. In den Situationen, die eine „genaue" Ausgangsdrehzahl erfordern, kann diese heute oft über die stufenlose Regelbarkeit der Antriebe erreicht werden. Dann spielt die Größe der Getriebeübersetzung keine wesentliche Rolle mehr, bestenfalls muss diese bekannt sein.

Ist eine Anwendung auf eine präzise Übersetzung eines Getriebes angewiesen, so ist dem Punkt entsprechende Aufmerksamkeit zu schenken. Insbesondere ist dann darauf zu achten, dass die Herstellerangaben in aller Regel einer bestimmten zulässigen Toleranz der Übersetzung unterworfen sind.

2. Teilaufgabe: Durchmesser, Leistung, Momente, Kräfte

Durchmesser:

$$d_1 = m\,z_1 = 33 \cdot 8\ \text{mm} = 264\ \text{mm}$$

$$d_2 = m\,z_2 = 117 \cdot 8\ \text{mm} = 936\ \text{mm}$$

$$d_{\text{b1}} = d_1 \cos\alpha = 264\ \text{mm}\ \cos 20° = 248,08\ \text{mm}$$

$$d_{\text{b2}} = d_2 \cos\alpha = 936\ \text{mm}\ \cos 20° = 879,55\ \text{mm}$$

Abtriebsmoment:

$$P_2 = M_2 \, \omega_2 = M_2 \, 2 \, \pi \, n_2$$

$$M_2 = \frac{P_2}{2 \, \pi \, \dfrac{n_1}{i}} = \frac{1500 \text{ kW}}{2 \, \pi \, \dfrac{35 \text{ s}^{-1}}{3,55}} = 24226 \text{ Nm}$$

Antriebsmoment:

$$M_1 = \frac{P_1}{2 \, \pi \, n_1} = \frac{P_2}{\eta \, 2 \, \pi \, n_1} = \frac{M_2 \, 2 \, \pi \, n_2}{\eta \, 2 \, \pi \, n_1} = \frac{M_2}{\eta \, i} = \frac{24226 \text{ Nm}}{0,98 \cdot 3,55} = 6963 \text{ Nm}$$

Zahnnormalkraft:

$$F_{bn} = F_N = \frac{F_t}{\cos \alpha_{wt}} = \frac{2 \cdot M_1}{d_{w1} \cdot \cos \alpha_{wt}} = \frac{2 \cdot M_1}{d_{w1} \cdot \cos \alpha_w} = \frac{2 \cdot M_1}{d_1 \cdot \cos \alpha}$$

$$F_{bn} = \frac{2 \cdot 6963 \text{ Nm}}{264 \text{ mm} \cdot \cos 20°} = 56140 \text{ N}$$

3. Teilaufgabe: Lagerkräfte

Aus den Gleichgewichtsbedingungen folgt:

$$F_1 = \frac{l_2}{l_1 + l_2} F_{bn} = \frac{220}{250 + 220} 56140 \text{ N} = 26278 \text{ N}$$

$$F_2 = \frac{l_1}{l_1 + l_2} F_{bn} = \frac{250}{250 + 220} 56140 \text{ N} = 29862 \text{ N}$$

$$F'_{bn} = \frac{2 \cdot M_1}{d_1 \cdot \cos \alpha'} = \frac{2 \cdot 6963 \text{ N}}{264 \text{ mm} \cdot \cos 28°} = 59743 \text{ N}$$

$$F'_1 = \frac{F'_{bn}}{F_{bn}} F_1 = \frac{59743}{56140} 26278 \text{ N} = 27964 \text{ N}$$

$$F'_2 = \frac{F'_{bn}}{F_{bn}} F_2 = \frac{59743}{56140} 29862 \text{ N} = 31778 \text{ N}$$

Anmerkung:

Die Übertragung mechanischer Leistung ist, z.B. bedingt durch Reibung oder Schlupf, grundsätzlich verlustbehaftet. Bei den häufig vorkommenden rotierenden Systemen resultiert der Verlust in einer reduzierten Drehzahl und/oder einem reduzierten Drehmoment auf der Abtriebsseite. Diesen Verlust genau zu beschreiben ist relativ schwierig, da er von vielen Einflussfaktoren abhängt. Praktisch ist diese Genauigkeit in der Beschreibung allerdings auch nicht erforderlich. Es ist hinreichend, diesen Verlust über den so genannten Wirkungsgrad zu beschreiben. Für den Wirkungsgrad, der für bestimmte Übertragungsglieder charakteristische Ausprägungen hat, finden sich vielfältige Anhaltswerte in der Literatur.

8.4 Schrägverzahntes Getriebe

8.4.1 Aufgabenstellung Schrägverzahntes Getriebe

Für das abgebildete zweistufige Getriebe sind für die Zwischenwelle folgende Werte gegeben:

$z_1 = 43$, $m_{n1} = 1,5$ mm

$z_2 = 19$, $m_{n2} = 2,5$, $\beta_2 = 17°$

Aufgabenstellung:

Teilaufgabe 1:

Wie groß muss der Schrägungswinkel β_1 werden, damit die Lager der Zwischenwelle frei von Axialschub werden?

Teilaufgabe 2:

Sind die Schrägungswinkel in dem Bild 8.4-1 in dem Sinne dargestellt, dass sich die Axialkräfte der beiden Räder auf der Zwischenwelle aufheben?

Teilaufgabe 3:

Wie groß muss der Schrägungswinkel β_1 werden, damit sich ein definierter Axialschub von 10 % der Axialkraft F_{a2} in deren Richtung ergibt?

Teilaufgabe 4:

Begründen Sie, warum die resultierende Axialkraft von Getriebewellen mit Schrägverzahnung stets ungleich Null eingestellt werden soll.

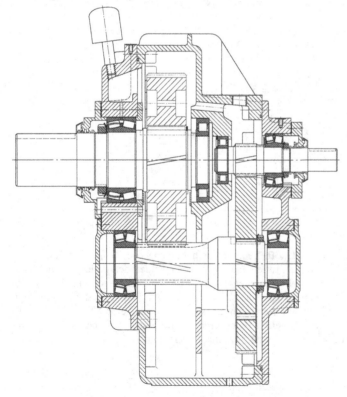

Bild 8.4-1:
Zweistufiges Windkraftgetriebe [SKF]

8.4.2 Mögliche Lösung zur Aufgabe Schrägverzahntes Getriebe

Teilaufgabe 1: Schrägungswinkel

$$F_a = F_t \cdot \tan\beta = \frac{2 \cdot M}{d_w}\tan\beta = \frac{2 \cdot M}{d\dfrac{\cos\alpha}{\cos\alpha_w}}\tan\beta = \dots$$

$$\dots = \frac{2 \cdot M}{\dfrac{m_n}{\cos\beta}z\dfrac{\cos\alpha}{\cos\alpha_w}}\tan\beta = \frac{2 \cdot M}{m_n \cdot z\dfrac{\cos\alpha}{\cos\alpha_w}}\sin\beta$$

$$\frac{2 \cdot M_1}{m_{n1} \cdot z_1\dfrac{\cos\alpha_1}{\cos\alpha_{w1}}}\sin\beta_1 = \frac{2 \cdot M_2}{m_{n2} \cdot z_2\dfrac{\cos\alpha_2}{\cos\alpha_{w2}}}\sin\beta_2$$

$$\frac{\sin\beta_1}{m_{n1} \cdot z_1} = \frac{\sin\beta}{m_{n2} \cdot z_2}$$

$$\sin\beta_1 = \frac{m_{n1} \cdot z_1}{m_{n2} \cdot z_2}\sin\beta_2 = \frac{1{,}5\ \text{mm} \cdot 43}{2{,}5\ \text{mm} \cdot 19}\sin 17° = 0{,}397 \quad \rightarrow \quad \beta_1 = 23{,}39°$$

Teilaufgabe 2: Steigung der Schrägungswinkel

Ja, die Schrägungswinkel sind in dem Sinne eingezeichnet, dass sich die Axialkräfte für die Zwischenwellen potentiell aufheben.

Teilaufgabe 3: Korrigierter Schrägungswinkel

$$F_{a2} - F_{a1} = 0{,}1\,F_{a2}$$

$$F_{a1} = 0{,}9\,F_{a2}$$

$$\sin\beta_1 = 0{,}9\frac{m_{n1} \cdot z_1}{m_{n2} \cdot z_2}\sin\beta_2 = 0{,}9\frac{1{,}5\ \text{mm} \cdot 43}{2{,}5\ \text{mm} \cdot 19}\sin 17° = 0{,}3573$$

$$\beta_1 = 20{,}94°$$

Teilaufgabe 4: Begründung für Axialkraft

Eine geringe resultierende Axialkraft gleicht das Lagerspiel im Festlager aus. Hierdurch ergeben sich zum einen bessere Führungseigenschaften, da die Welle sich nicht innerhalb des Lagerspiels axial bewegt. Darüber hinaus ist auch eine höhere Lebensdauer des Lagers zu erwarten, da nicht wiederholt der Kontakt zu einer Laufbahn hergestellt und wieder gelöst wird.

8.5 V-Null-Getriebe

8.5.1 Aufgabenstellung V-Null-Getriebe

Eine Stirnradstufe mit Geradverzahnung soll als V-Null-Getriebe ausgebildet werden. Als Daten liegen vor: m = 10 mm, z_1 = 11, z_2 = 27, α = 20°

Aufgabenstellung:

Teilaufgabe 1:

Ermitteln Sie die erforderliche Profilverschiebung x_1 für das Ritzel zur Vermeidung von Zahnunterschnitt sowie die Profilverschiebung für das Gegenrad.

Teilaufgabe 2:

Ermitteln Sie, ob das Gegenrad unterschnittfrei ist.

Teilaufgabe 3:

Ermitteln Sie die Teilkreisdurchmesser, Wälzkreisdurchmesser, Fuß- und Kopfkreisdurchmesser sowie die Profilüberdeckung für beide Räder.

Teilaufgabe 4:

Ermitteln Sie den Achsabstand.

8.5.2 Mögliche Lösung zur Aufgabe V-Null-Getriebe

Teilaufgabe 1: Profilverschiebung

$$x_1 = x_{\text{grenz}} = 1 - \frac{z_1}{z_{1g}} = 1 - \frac{11}{17} = 0,3529$$

Da ein V-Null-Getriebe konstruiert werden soll, muss die Profilverschiebungssumme Null betragen.

$$\sum x = x_1 + x_2 = 0 \quad \rightarrow \quad x_2 = -x_1 = -0,3529$$

Teilaufgabe 2: Unterschnittfreiheit

$$x_{2\text{grenz}} = 1 - \frac{z_2}{z_{2g}}$$

$$z_{g2} = \frac{z_2}{1 - x_2} = \frac{27}{1 - (-0,3529)} = 19,957 < z_2 = 27$$

Das Rad 2 ist trotz der negativen Profilverschiebung ebenfalls unterschnittfrei.

Teilaufgabe3: Geometriedaten

Teilkreisdurchmesser:

$$d_1 = m \cdot z_1 = 10 \text{ mm} \cdot 11 = 110 \text{ mm}$$

$$d_2 = m \cdot z_2 = 10 \text{ mm} \cdot 27 = 270 \text{ mm}$$

Wälzkreisdurchmesser:

$$d_{\text{w}} = d \frac{\cos \alpha}{\cos \alpha_{\text{w}}}$$

$$inv\ \alpha_w = inv\ \alpha + 2\frac{x_1 + x_2}{z_1 + z_2}\tan\alpha$$

$$x_1 + x_2 = 0 \quad \rightarrow \quad \alpha_w = \alpha \quad \rightarrow \quad d = d_w$$

$$d_{w1} = d_1 = 110\ \text{mm} \ ; \ d_{w2} = d_2 = 270\ \text{mm}$$

Kopfkreisdurchmesser:

$$d_{a1} = m(z_1 + 2 + 2x) = 10\ \text{mm}\ (11 + 2 + 2\cdot 0,3529) = 137,058\ \text{mm}$$

$$d_{a2} = m(z_2 + 2 + 2x) = 10\ \text{mm}\ (27 + 2 - 2\cdot 0,3529) = 282,942\ \text{mm}$$

Fußkreisdurchmesser:

$$d_{f1} = d_1 - 2\cdot m\ (1,25 - x_1) = 110\ \text{mm} - 2\cdot 10\ \text{mm}\ (1,25 - 0,3529) = 92,058\ \text{mm}$$

$$d_{f2} = d_2 - 2\cdot m\ (1,25 - x_2) = 270\ \text{mm} - 2\cdot 10\ \text{mm}\ (1,25 + 0,3529) = 237,942\ \text{mm}$$

Profilüberdeckung:

$$\varepsilon_d = \frac{\frac{1}{2}\left(\sqrt{d_{a1}^2 - d_{b1}^2} + \sqrt{d_{a2}^2 - d_{b2}^2}\right) - a_d\cdot\sin\alpha}{\pi\cdot m\cdot\cos\alpha}$$

$$\varepsilon_d = \frac{\frac{1}{2}\left(\sqrt{(137,058\,\text{mm})^2 - (110\,\text{mm}\cdot\cos 20°)^2} + \sqrt{(282,942\,\text{mm})^2 - (270\,\text{mm}\cdot\cos 20°)^2}\right) - 190\,\text{mm}\cdot\sin 20°}{\pi\cdot 10\,\text{mm}\cdot\cos 20°}$$

$$\varepsilon_d = 1,444$$

Teilaufgabe 4: Achsabstand

$$a = \frac{d_{w1} + d_{w2}}{2} = \frac{d_1 + d_2}{2}\frac{\cos\alpha}{\cos\alpha_w} = \frac{d_1 + d_2}{2} = \frac{110\ \text{mm} + 270\ \text{mm}}{2} = 190\ \text{mm}$$

8.6 Schaltgetriebestufe

8.6.1 Aufgabenstellung Schaltgetriebestufe

Es sind die Daten dreier Zahnradsätze zu ermitteln, welche zwischen der Eingangswelle und der ersten Zwischenwelle eines Schaltgetriebes einer Werkzeugmaschine liegen. Bei einem exakten Achsabstand von a = 132 mm und einem Modul im Normalschnitt von m_n = 3 mm sind mit geradverzahnten Stirnrädern folgende Übersetzungen mit einer Genauigkeit von 2 % bezogen auf die Nennübersetzung zu realisieren:

$$i_1 = 2,65,\ i_2 = 3,15$$

Ein zusätzliches Flankenspiel infolge Profilverschiebungen ist nicht zugelassen.

Bearbeitungspunkt:

Ermitteln Sie alle Daten zu den beiden beteiligten Zahnradpaarungen.

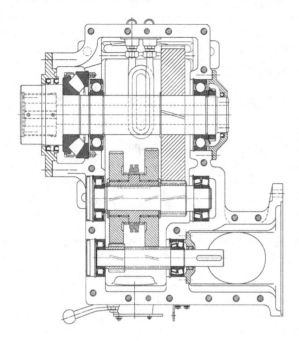

Bild 8.6-1:
Zweistufiges Schaltgetriebe [SKF]

8.6.2 Mögliche Lösung zur Aufgabe Schaltgetriebestufe

Achsabstand für ein Nullgetriebe:

$$a_\mathrm{d} = \frac{d_1 + d_2}{2} = \frac{m(z_1 + z_2)}{2} = \frac{m\,z_1(1 + i)}{2}$$

Für alle Getriebestufen beträgt somit die Gesamtzähnezahl theoretisch:

$$(z_1 + z_2)_\mathrm{th} = \frac{2\,a_\mathrm{d}}{m} = \frac{2 \cdot 132\ \mathrm{mm}}{2,5\ \mathrm{mm}} = 105,6$$

Gewählt wird hier eine Gesamtzähnezahl von $z_1 + z_2 = 106$.

Getriebestufe 1:

$$z_\mathrm{1th} = \frac{2 \cdot a_\mathrm{d}}{m(1 + i)} = \frac{2 \cdot 132\ \mathrm{mm}}{2,5\ \mathrm{mm}\,(1 + 2,65)} = 28,93$$

$$z_\mathrm{2th} = (z_1 + z_2)_\mathrm{th} - z_\mathrm{1th} = 105,6 - 28,93 = 76,67$$

Gewählt: $z_1 = 29$; $z_2 = 77$

$$\Delta i = \frac{i_\mathrm{ist} - i_\mathrm{soll}}{i_\mathrm{soll}} = \frac{z_2}{z_1 \cdot i_\mathrm{soll}} - 1 = \frac{77}{29 \cdot 2,65} - 1 = 0,00195 = 0,2\%$$

$$a_\mathrm{w} = a_\mathrm{d}\,\frac{\cos\alpha_\mathrm{t}}{\cos\alpha_\mathrm{wt}}$$

$$\alpha_\mathrm{wt} = \arccos\left(\frac{a_\mathrm{d}}{a_\mathrm{w}}\cos\alpha_\mathrm{t}\right) = \arccos\left(\frac{2,5\ \mathrm{mm}\,(29 + 77)}{2 \cdot 132\ \mathrm{mm}}\cos 20°\right) = 19,39°$$

$$inv\alpha_{\text{wt}} = inv\alpha_{\text{t}} + 2\frac{x_1 + x_2}{z_1 + z_2}\tan\alpha_{\text{n}}$$

$$x_1 + x_2 = \left(inv\alpha_{\text{wt}} - inv\alpha_{\text{t}}\right)\frac{z_1 + z_2}{2 \cdot \tan\alpha_{\text{n}}} = \left(0,01354 - 0,01490\right)\frac{29 + 77}{2 \cdot \tan 20°} = -0,198$$

Dieser Wert der Profilverschiebungssumme ist etwas größer als die Profilverschiebung ohne Kompensation des infolge Profilverschiebung entstehenden Flankenspiels.

Getriebestufe 2:

$$z_{3\text{th}} = \frac{2 \cdot a_{\text{d}}}{m(1+i)} = \frac{2 \cdot 132 \text{ mm}}{2,5 \text{ mm } (1+3,15)} = 25,44$$

$$z_{4\text{th}} = \left(z_3 + z_4\right)_{\text{th}} - z_{3\text{th}} = 105,6 - 25,44 = 80,16$$

Gewählt: $z_3 = 25$; $z_4 = 81$

$$\Delta i = \frac{i_{\text{ist}} - i_{\text{soll}}}{i_{\text{soll}}} = \frac{z_4}{z_3 \cdot i_{\text{soll}}} - 1 = \frac{81}{25 \cdot 3,15} - 1 = 0,0285 = 2,9\%$$

Anmerkung:

Mit dieser Abweichung von der Getriebesollübersetzung wird das gesetzte Ziel nicht erreicht. Allerdings ist es mit der vorgewählten Gesamtzähnezahl pro Getriebestufe wahrscheinlich nicht möglich, das Ziel zu erreichen. Insofern müssen die Parameter Gesamtzähnezahl, Modul und Achsabstand so neu abgestimmt werden, dass eine Zähnezahlverhältnis und somit eine Übersetzung im gewünschten Bereich erzielt werden kann. Diese weitere Betrachtung wird hier nicht angestellt.

$$a_{\text{w}} = a_{\text{d}}\frac{\cos\alpha_{\text{t}}}{\cos\alpha_{\text{wt}}}$$

$$\alpha_{\text{wt}} = \arccos\left(\frac{a_{\text{d}}}{a_{\text{w}}}\cos\alpha_{\text{t}}\right) = \arccos\left(\frac{2,5 \text{ mm}(25+81)}{2 \cdot 132 \text{ mm}}\cos 20°\right) = 19,39°$$

$$inv\alpha_{\text{wt}} = inv\alpha_{\text{t}} + 2\frac{x_3 + x_4}{z_3 + z_4}\tan\alpha_{\text{n}}$$

$$x_3 + x_4 = \left(inv\alpha_{\text{wt}} - inv\alpha_{\text{t}}\right)\frac{z_3 + z_4}{2 \cdot \tan\alpha_{\text{n}}} = \left(0,01354 - 0,01490\right)\frac{25 + 81}{2 \cdot \tan 20°} = -0,198$$

Dieser Wert der Profilverschiebungssumme ist etwas größer als die Profilverschiebung ohne Kompensation des infolge Profilverschiebung entstehenden Flankenspiels.

Folgende Verzahnungsdaten sind z.B. interessant und werden hier berechnet:

$$d = z \cdot m$$

$$d_{\text{a}} = d + 2 \cdot h_{\text{a}} + 2 \cdot x \cdot m$$

$$d_{\text{f}} = d - 2 \cdot h_{\text{f}} + 2 \cdot x \cdot m$$

$$d_{\text{b}} = d \cos\alpha$$

$$d_v = d + 2 \cdot x \cdot m$$

$$d_w = d \, \frac{\cos \alpha}{\cos \alpha_w}$$

$$\varepsilon_a = \frac{\sqrt{d_{a1}^2 - d_{b1}^2} + \sqrt{d_{a2}^2 - d_{b2}^2} - 2 \cdot a \cdot \sin \alpha_{wt}}{2 \dfrac{m_n}{\cos \beta} \pi \cos \alpha_{wt}}$$

Ausgewertet für die beiden Getriebestufen ergibt sich:

Rad	1	2	3	4
m_n	2,5 mm	2,5 mm	2,5 mm	2,5 mm
z	29	77	25	81
d	72,5 mm	192,5 mm	62,5 mm	202,5 mm
d_a	77,5 mm	196,51 mm	67,5 mm	206,51 mm
d_f	66,25 mm	185,26 mm	56,25 mm	195,26 mm
d_b	68,128 mm	180,891 mm	58,731 mm	190,288 mm
d_v	---	191,51 mm	---	201,51 mm
d_w	---	72,224 mm	---	201,730 mm
x	---	– 0,198	---	– 0,198
α_w	19,395°	19,395°	19,395°	19,395°
ε_α	1,758		1,743	

Anmerkung:
Es stellt sich heraus, dass der beabsichtigte Achsabstand lediglich unter Einsatz einer kleinen, negativen Profilverschiebungssumme erreicht werden kann. Da es zunächst Ziel sein wird, die Ritzel im Zahnfuß nicht zu schwächen, erfolgt die Anrechnung der negativen Profilverschiebungen hier komplett auf die Räder. Es ist zu beachten, dass deshalb für diese Räder zu prüfen ist, dass Unterschnittfreiheit vorliegt und die Zahnfußfestigkeit im erforderlichen Maße gegeben ist. Wird die erforderliche Summe der Profilverschiebung höher, so ist ein geringerer Teil dieser Profilverschiebungssumme auch den Ritzeln zuzuordnen. Bei der Verteilung stellt das Ziel einer ähnlichen Zahnfußfestigkeit an Ritzel und Rad die Maßgabe dar.

8.7 Getriebemotor

8.7.1 Aufgabenstellung Getriebemotor

Das Bild 8.7-1 zeigt ein zweistufiges Stirnradgetriebe. Das Getriebe ist mit einer Glocke ausgeführt, an die der Antriebsmotor angeflanscht werden kann. Abtriebsseitig ist vorgesehen, die Getriebeausgangswelle in eine Nabe auf der Eingangsseite der Arbeitsmaschine zu stecken.

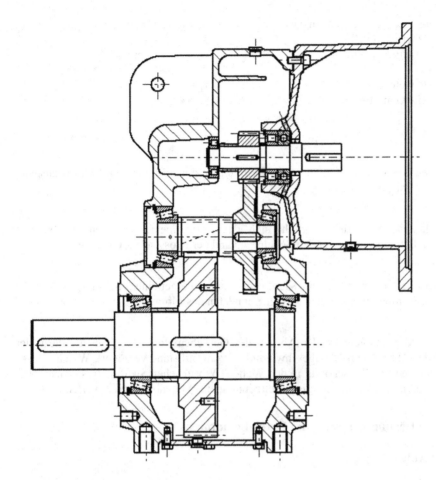

Bild 8.7-1: Getriebemotor [Flender]

Daten des angeflanschten Motors:

Motor:

Asynchronmotor
Motornennleistung $P_N = 5,5$ kW
Motorsynchrondrehzahl $n_s = 1500$ min^{-1}
Motornenndrehzahl $n_n = 1445$ min^{-1}
Motormassenträgheitsmoment $\Theta_m = 0,018$ kgm^2
Motoranlaufmoment $M_a = 3,2$ Nm
Motorsattelmoment $M_s = 2,5$ Nm
Motorkippmoment $M_k = 3,4$ Nm
Motorkippschlupf $s_k = 0,3$
Motoraußendurchmesser $D = 220$ mm

Wellen:

Mittlerer Durchmesser Getriebeeingangswelle $d_{w1m} = 50$ mm
Mittlerer Durchmesser Getriebezwischenwelle $d_{w2m} = 60$ mm

Mittlerer Durchmesser Getriebeausgangswelle	$d_{w3m} = 100$ mm
Tordierte Länge Zwischenwelle	$l_{w2m} = 160$ mm
Tordierte Länge Ausgangswelle	$l_{w3m} = 300$ mm
Wellenwerkstoffe	42CrMo4 ($Re = 650$ N/mm2)
Übersetzung erste Getriebestufe	$i_1 = 3,0$
Übersetzung zweite Getriebestufe	$i_2 = 4,0$

Bearbeitungspunkte:

Teilaufgabe 1:

Sie versuchen den Getriebemotor unter einem Lastmoment von 1300 Nm am Getriebeausgang anzufahren. Was wird geschehen?

Teilaufgabe 2:

Während des laufenden Betriebes erhöht sich das Lastmoment vom Nennmoment auf 1300 Nm. Ermitteln Sie den auftretenden Schlupf anhand der Kloss'schen Gleichung.

Teilaufgabe 3:

Welches Moment liefert der Motor laut Kloss'scher Kennlinie bei einem Schlupf von $s = 1,0$. Bewerten Sie diese Größe im Vergleich zu den Kenndaten des Motors.

Teilaufgabe 4:

Im Nennbetrieb blockiert plötzlich der Abtrieb des Getriebemotors, d.h. binnen nahezu der Zeit Null wird der Abtrieb von Nenngeschwindigkeit zum Stillstand verzögert. Welche Beanspruchungen erwarten Sie überschlägig in den Wellen? Worin sehen Sie das Versagenskriterium für die Wellen? Ist nach überschlägiger Betrachtung ein Wellenbruch zu erwarten?

8.7.2 Mögliche Lösung zur Aufgabe Getriebemotor

Teilaufgabe 1: Anfahrvorgang

$$M_N = \frac{P_N}{2\,\pi\,f_N} = 36,5 \text{ Nm}$$

$$M_{L\,MW} = \frac{M_L}{i_{ges}} = 108 \text{ Nm} = 2,96\,M_N$$

Der Motor fährt an und beschleunigt bis ca. 10 % der Synchrondrehzahl. Dann ist keine weitere Beschleunigung möglich, da das Motormoment unter das Lastmoment fallen würde und kein Beschleunigungsmoment mehr zur Verfügung stehen würde. Auf Dauer wird der Motor sich in dem erreichten Betriebspunkt extrem erwärmen. Konsequenzen sind Motorabschaltung oder – schädigung.

Teilaufgabe 2: Lasterhöhung im Nennbetrieb

Kloss'sche Gleichung

$$M = \frac{2\,M_k}{\dfrac{s}{s_k} + \dfrac{s_k}{s}}$$

$$s^2 - \frac{2M_k}{M} s_k \, s + s_k^2 = 0$$

$$s_{1/2} = \frac{M_k}{M} s_k \pm \sqrt{\left(\left(\frac{M_k}{M} \right)^2 - 1 \right) s_k^2} = 0,17 \quad ; \quad 0,51$$

Unter Lasterhöhung tritt ein Schlupf von 17 % auf, d.h. die Drehzahl unter der erhöhten Last fällt auf 1245 min^{-1} ab.

Teilaufgabe 3: Moment bei stehendem Motor

Bei stehendem Motor ist der Schlupf $s = 1,0$ und entsprechend in die Kloss'sche Gleichung einzusetzen. Es ergibt sich ein Moment von 0,94 M_N. Damit liegt die Beschreibung der Kloss'schen Gleichung im Widerspruch zu den Motorkenndaten, welche ein deutlich höheres Anlaufmoment ausweisen.

Teilaufgabe 4: Blockade des Abtriebs

Bei Blockade fahren die trägen Massen gegen die Blockadestelle. Die Masse des Systems kann durch die dominante Masse des Motors abgebildet werden. Die Federsteifigkeit des Systems wird durch eine Reihenschaltung der Steifigkeiten von Zwischenwelle und Abtriebswelle abgebildet. Bei Reduktion auf die Motorwelle ergeben sich:

Abtriebswelle:

$$c_3 = \frac{G \, I_T}{L} = \frac{G \, \pi \, d_3^4}{32 \, L_3} = 2290 \text{ kNm}$$

Zwischenwelle:

$$c_2 = \frac{G \, I_T}{L} = \frac{G \, \pi \, d_2^4}{32 \, L_2} = 890 \text{ kNm}$$

Durch Reduktion auf die Motorwelle erhält man:

$$c_3{}^* = 190,8 \text{ kNm}$$

$$c_2{}^* = 296,6 \text{ kNm}$$

Die Gesamtfedersteifigkeit ist somit:

$$c_{ges} = \frac{c_2{}^* c_3{}^*}{c_2{}^* + c_3{}^*} = 116,1 \text{ kNm}$$

Die Ausgangsverdrehung der Wellen unter Nennmoment beträgt:

$$\vartheta_0 = \frac{M_N}{c_{ges}} = 3,1 \cdot 10^{-4} = 0,02°$$

Die maximale Verdrehung kann durch Betrachtung der Energiebilanz gewonnen werden:

$$\frac{1}{2} \Theta \, \omega_M^2 = \frac{1}{2} c_{ges} \left(\vartheta_{max}^2 - \vartheta_0^2 \right)$$

$$\vartheta_{max} = \sqrt{\frac{\Theta_M \omega_M^2}{c_{ges}} + \vartheta_0^2} = 0,06 = 3,4°$$

Das maximal wirkende Moment in den Wellen tritt bei maximaler Verdrehung und Stillstand der Welle auf:

$$M_{max} = c_{ges} \vartheta_{max} = 6966\,\text{Nm}$$

Hiermit lassen sich die Torsionsspannungen in den Wellen unter Vernachlässigung von Kerbwirkung und Größeneinfluss anschätzen:

$$\tau_{t3} = \frac{M_3}{W_{p3}} = \frac{i_1\,i_2\,M_{max}}{\frac{\pi}{16}d_3^3} = 425\,\text{N/mm}^2$$

$$\tau_{t2} = \frac{M_2}{W_{p2}} = \frac{i_1\,M_{max}}{\frac{\pi}{16}d_2^3} = 492\,\text{N/mm}^2$$

$$\tau_{t1} = \frac{M_1}{W_{p1}} = \frac{M_{max}}{\frac{\pi}{16}d_1^3} = 554\,\text{N/mm}^2$$

Diese Spannungen sind so hoch, dass lokal an Kerbstellen an den Wellen auf jeden Fall Fließen des Werkstoffs zu erwarten ist. Insofern ist es auf jeden Fall angezeigt, nach dem Blockieren des Antriebs die Wellen zu inspizieren. Sollte das Blockierung im bestimmungsgemäßen Betrieb öfter auftreten, ist das Getriebe geben diese Lasten zu schützen.

9 Systeme

9.1 Antriebstrommel

9.1.1 Aufgabenstellung Antriebstrommel

Im Bild 9.1-1 ist eine Antriebstrommel eines Förderbandes dargestellt, wie es z.B. in Tagebaubetrieben für den Transport von Braunkohle ($\rho = 562$ kg/m^3) eingesetzt wird.

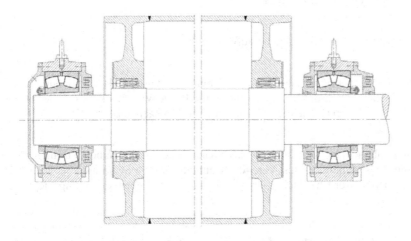

Bild 9.1-1: Antriebstrommel eines Förderbandes [FAG]

Bild 9.1-2: Bandantrieb an einer Übergabestation [RWE]

Daten:

Länge des Förderers:	$L = 3200$ m
Trommeldurchmesser	$D = 1730$ mm
Gurtbreite	$B = 2300$ mm
Gurtgeschwindigkeit	$v = 5{,}2$ m/s
Geförderter Volumenstrom	$Q = 7500$ m^3/h
Antriebsleistung Trommel	$P = 430$ kW
Beschleunigungsmoment	$M_B = 1{,}1$ MN

Bearbeitungspunkte:

Teilaufgabe 1:

Welche Lager sind Loslager, welche Festlager?

Teilaufgabe 2:

Erläutern Sie das Prinzip der Lagerbefestigung auf der Welle.

Teilaufgabe 3:

Zu betrachten sind die Schrauben der Welle-Nabe-Verbindung zwischen Trommel und Welle. Ermitteln Sie die in Summe durch die Schrauben sicherzustellende Vorspannkraft (Wellendurchmesser $D = 400$ mm, Reibbeiwert an allen Kontaktstellen $\mu = 0{,}1$, Kegelwinkel $\alpha = 40°$).

Teilaufgabe 4:

Wie viele Schaftschrauben M24, 10.9 sind für das Spannen der Welle-Nabe-Verbindung erforderlich, wenn ein Vorspannkraftverlust von 40 kN auftritt und die Schrauben bis 90 % der Streckgrenze vorgespannt werden? Der Anzugsfaktor der Schraubenverbindung liegt bei $\alpha = 1{,}6$.

Teilaufgabe 5:

Innerhalb welcher Zeit läuft das Förderband an, wenn zur Überwindung der Trägheit und Reibung des Förderers ein doppelt so hohes Drehmoment erforderlich ist, wie zur Beschleunigung des Fördergutes?

Gewinde	Spannungsquerschnitt A_S in mm^2	Kernquerschnitt A_3 in mm^2	Schraubenkraft an der Streckgrenze $R_{p0,2}$ in N		
			8.8	10.9	12.9
M12 × 1,75	84,3	76,2	54000	79000	92500
M14 × 2	115	105	73500	108000	127000
M16 × 2	157	144	100000	148000	173000
M18 × 2,5	192	175	127000	180000	211000
M20 × 2,5	245	225	162000	230000	270000
M22 × 2,5	303	282	200000	285000	333000
M24 × 3	353	324	233000	332000	388000

Bild 9.1-3: Schraubendaten [ähnlich Esser, S.34]

9.1.2 Mögliche Lösung zur Aufgabe Antriebstrommel

Teilaufgabe 1: Lagersituation

Links: Loslager, das Pendelrollenlager hat am Außendurchmesser zu beiden Deckeln hin Spiel. Es ist von einer Beweglichkeit an diesem Außendurchmesser auszugehen.

Rechts: Festlager, das Pendelrollenlager wird am Außendurchmesser von den links- und rechtsseitigen Deckeln axial fixiert.

Teilaufgabe 2: Lagerbefestigung

Die Lager sind mit Spannhülsen auf den Wellen aufgepresst. Die Lager haben entsprechend dem Konus der Spannhülsen einen konischen Innendurchmesser.

Teilaufgabe 3: Welle-Nabe-Verbindung

Das durch die Welle-Nabe-Verbindung zu übertragende Drehmoment beträgt:

$$M = M_B = \frac{M_B}{M_N}\frac{P_N D}{2v} = \frac{1,1 \cdot 430kW \cdot 1,73m}{5,2m/s} = 78,7kNm$$

Unter Ausnutzung der doppelten Symmetrie der Welle-Nabe-Verbindung sind an den Zug- und Druckelemente der Verbindung folgende Kräfte für das Kräftegleichgewicht zu berücksichtigen:

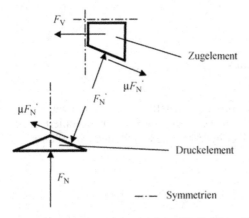

Bild 9.1-4: Kräftegleichgewicht an Welle-Nabe-Verbindung

Gleichgewicht Druckelement in vertikale Richtung:

$$F_N - 2F'_N \cos\alpha + 2F'_N\mu\sin\alpha = 0$$

$$F'_{N\ erf} = \frac{F_{N\ erf}}{2(\cos\alpha - \mu\sin\alpha)}$$

Gleichgewicht Zugelement in horizontale Richtung:

$$F_V - F'_N \sin\alpha - F'_N\mu\cos\alpha = 0$$

$$F_{V\,\mathrm{erf}} = F'_{N\,\mathrm{erf}} \left(\sin\alpha + \mu\cos\alpha \right)$$

$$F_{V\,\mathrm{erf}} = \frac{F_{N\,\mathrm{erf}}}{2} \frac{\sin\alpha + \mu\cos\alpha}{\cos\alpha - \mu\sin\alpha} = \frac{M_{\mathrm{erf}}}{\mu \cdot d} \frac{\sin\alpha + \mu\cos\alpha}{\cos\alpha - \mu\sin\alpha}$$

$$F_{V\,\mathrm{erf}} = \frac{78{,}7\ \mathrm{kNm}}{0{,}1 \cdot 0{,}4} \frac{\sin 40° + 0{,}1\cos 40°}{\cos 40° - 0{,}1\sin 40°} = 2016{,}9\ \mathrm{kN}$$

Teilaufgabe 4: Schraubenauswahl

$$i > \frac{F_{V\,\mathrm{erf}}}{\alpha \left(90\%F_V \left(R_{\mathrm{p0,2}} \right) - \Delta F_V \right)} = \frac{2016{,}9\ \mathrm{kN}}{1{,}6 \left(0{,}9 \cdot 332\ \mathrm{kN} - 40\ \mathrm{kN} \right)} = 4{,}9$$

Es sollten zumindest 5 Schrauben eingesetzt werden.

Teilaufgabe 5: Beschleunigungszeit

$$F = 3ma = 3m\frac{v}{t_B} = 3\frac{Q}{v}L\rho\frac{v}{t_B} = \frac{3QL\rho}{t_B}$$

$$F = \frac{2M}{D} = \frac{M_B}{M_N} \frac{P_N}{2\pi f} \frac{2}{D} = \frac{M_B}{M_N} \frac{P_N}{v}$$

$$t_B = \frac{M_N}{M_B} \frac{3QL\rho v}{P_N}$$

$$t_B = \frac{3 \cdot 7500\ \mathrm{kg/m^3}\, 3200\ m\, 562\ \mathrm{kg/m^3}\, 5{,}2\ \mathrm{m/s}}{1{,}1 \cdot 430\ \mathrm{kW}} = 123\,\mathrm{s} = 2\,\mathrm{min}\,3\,\mathrm{s}$$

Über diese Zeit kann ein Elektromotor nicht ohne Hilfen wirtschaftlich angefahren werden, da er aufgrund der Anlaufströme sonst im Nennbetrieb hoffnungslos überdimensioniert wäre. Praktisch werden Bänder mit hohen Massen z.B. über hydraulische Kupplungen angefahren.

9.2 Straßenwalze

9.2.1 Aufgabenstellung Straßenwalze

Im Bild 9.2-2 ist ein Ausschnitt einer Vibrationsstraßenwalze (Bild 9.2-1) gezeigt. Das darge-stellte Walzenrad fährt nicht angetrieben über eine zu planierende Fläche. Die Walze ist über die Anschlussflächen A mit dem Fahrzeugrahmen verbunden. In der Walze befindet sich eine Unwuchtwelle, welche die Kräfte zur Intensivierung des Walzprozesses bereitstellt. Die Un-wuchtwelle wird über einen Keilriementrieb angetrieben.

Daten zur Unwuchtwelle:

Drehzahl:	$n = 3000\ \mathrm{min^{-1}}$
Masse des Unwuchtkörpers:	$m_u = 18\ \mathrm{kg}$
Exzentrizität der Unwucht:	$e = 19\ \mathrm{mm}$
Massenträgheit Unwuchtwelle:	$\theta_{\mathrm{Welle}} = 20 \cdot \theta_{\mathrm{Unwucht}}$
Hochlaufzeit der Unwuchtwelle:	$t_A = 3\ \mathrm{s}$
Werkstoff:	E 295

Bild 9.2-1: Straßenwalze [Bomag]

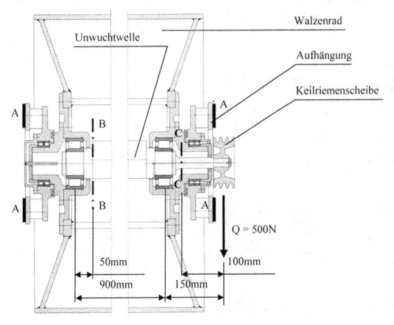

Bild 9.2-2: Schnittdarstellung des Walzenrades [FAG]
Daten Querschnitt B-B:

Wellendurchmesser	$d = 50$ mm
Absatzdurchmesser	$D = 90$ mm
Kerbradius	$R = 20$ mm
Oberflächenrauhigkeit	$R_a = 3,2\ \mu$m

Daten Querschnitt C-C:

Wellendurchmesser	$d = 110$ mm
Max. Absatzdurchmesser	$D = 190$ mm
Kerbradius	$R = 2$ mm
Oberflächenrauhigkeit	$R_a = 1,6\ \mu$m

Aufgabenstellung:

Teilaufgabe 1:
Erklären Sie a) welche Baugruppen stillstehen.
b) welche Baugruppen sich mit welcher Drehzahl drehen.
c) welche Baugruppen sich relativ zueinander bewegen.

Teilaufgabe 2:

Halten Sie für den Querschnitt B-B der Unwuchtwelle eine statische, eine zeitfeste oder eine dauerfeste Auslegung für angebracht? Aufgrund Fettschmierung der Lager kann von einer nahezu reibungsfreien Lagerung der Unwuchtwelle ausgegangen werden. Wie kommen Sie zu Ihrer Entscheidung?

Teilaufgabe 3:

Weisen Sie die Dauerfestigkeit des Querschnittes C-C nach. Über das Riemenrad wird in die Welle als permanente Größe eine Querkraft Q eingeleitet.

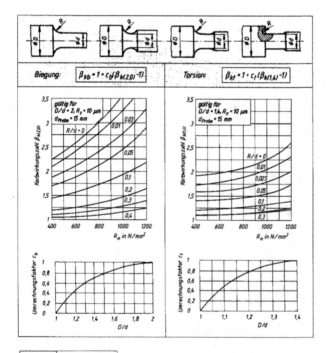

Biegung	$\sigma_n = M/(\pi d^3/32)$
Torsion	$\tau_n = T/(\pi d^3/16)$

Bild 9.2-3:
Kerbwirkungsfaktoren Wellenabsatz [Muhs, S.46]

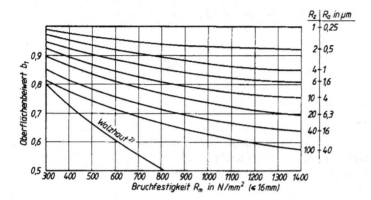

Bild 9.2-4: Oberflächenbeiwert [Matek, S.38]

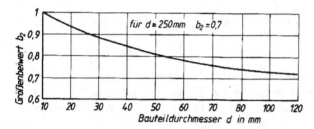

Bild 9.2-5: Größenbeiwert [Matek, S.38]

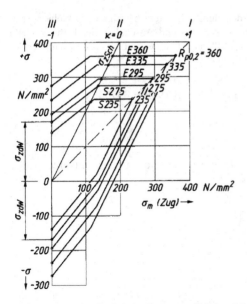

Bild 9.2-6: Dauerfestigkeitsdiagramm [Muhs, S.36]

9.2.2 Mögliche Lösung zur Aufgabe Straßenwalze

Teilaufgabe 1: Funktion

a) Stillstehende Baugruppen:

- Aufhängung

b) Sich drehende Baugruppen:

- Keilriemenscheibe (schnelldrehend mit 3000 min^{-1})
- Unwuchtwelle (schnelldrehend mit 3000 min^{-1})
- Walzenrad (langsamdrehend mit ca. 5 m/min/2/π/0,75 m = 1 min^{-1})

c) Lagerstellen mit Relativbewegung:

- Die schnelllaufende Unwuchtwelle ist über zwei einreihige Zylinderrollenlager im langsamlaufenden Walzenrad gelagert.
- Das langsamlaufende Walzenrad ist über zweireihige Zylinderrollenlager in der Aufhängung gelagert.

Teilaufgabe 2: Auslegungsprinzip

Zunächst ist zu klären, welche Spannungen mit welchem zeitlichen Verlauf auftreten. Spannungen können aus zwei unterschiedlichen Lasten auf die Welle resultieren. Dies sind die bezogen auf die Welle richtungstreue Fliehkraft und die bezogen auf die Welle richtungsveränderliche Querkraft.

Anmerkung:

Vibrationsstraßenwalzen wie die hier vorliegende werden durch Hin- und herfahren auf kleinen Streckenabschnitten betrieben. Mit jeder Richtungsumkehr ist das Ab- und Anschalten der Unwuchtwelle verbunden. Dieser Vorgang findet pro Gerät zumindest ca. 10^6 mal statt. Deshalb ist dieser Charakter der Belastung in einem Dauerfestigkeitsnachweis zu berücksichtigen.

Fliehkraft: $F_F = m \cdot \omega^2 \cdot r = 18 \, kg \cdot (2 \pi \, 50 \, s^{-1})^2 \cdot 0,019 \, m = 33754 \, N$

Querkraft: $Q = 500 \, N$

Zug-/Druckspannungen:

Da keine Zug- oder Druckkräfte in die Welle eingeleitet werden, liegen keine entsprechenden Spannungen vor.

Schubspannungen:

Querkraft aus Q:

$$Q_Q = Q \frac{150 \, mm}{900 \, mm} = 500 \, N \frac{150 \, mm}{900 \, mm} = 84 \, N$$

Schubspannung aus Q:

$$\tau_{sQ} = \frac{Q_Q}{A} = \frac{Q_Q}{\frac{\pi}{4} d^2} = \frac{84 \, N}{\frac{\pi}{4}(110 \, mm)^2} = 0,009 \, N/mm^2 \; ; \; \kappa = -1$$

Querkraft aus F_F:

$$Q_{F_F} = \frac{1}{2}F_F = \frac{1}{2}33754 \text{ N} = 16877 \text{ N}$$

Schubspannung aus F_F:

$$\tau_{sF_F} = \frac{Q_{F_F}}{A} = \frac{Q_{F_F}}{\frac{\pi}{4}d^2} = \frac{16877 \text{ N}}{\frac{\pi}{4}(110 \text{ mm})^2} = 1,8 \text{ N/mm}^2 \; ; \; \kappa = 0$$

Biegespannungen:

Kerbwirkungsfaktor:

$$\beta_{kb}\left(\frac{R}{d} = \frac{2}{110} = 0,018 \; ; \; R_m = 490 \text{ N/mm}^2 \; ; \; \frac{D}{d} = \frac{190}{110} = 1,73\right) = 2,0$$

Biegespannungen aus Q:

$$\sigma_{bQ} = \beta_{kb}\frac{M_{bQ}}{W_b} = \beta_{kb}\frac{M_{bQ}}{\frac{\pi}{32}d^3} = 2,0\frac{84 \text{ N} \cdot 50 \text{ mm}}{\frac{\pi}{32}(110 \text{ mm})^3} = 0,06 \text{ N/mm}^2 \; ; \; \kappa = -1$$

Biegespannungen aus F_F:

$$\sigma_{bF_F} = \beta_{kb}\frac{M_{bF_F}}{W_b} = \beta_{kb}\frac{M_{bF_F}}{\frac{\pi}{32}d^3} = 2,0\frac{16877 N \cdot 50 \text{ mm}}{\frac{\pi}{32}(110 \text{ mm})^3} = 12,9 \text{ N/mm}^2 \; ; \; \kappa = 0$$

Torsionsspannungen:

Die reibungsfreie Lagerung der Unwuchtwelle führt dazu, dass im stationären Betrieb kein Drehmoment eingeleitet werden muss, um die Welle am Laufen zu halten. Damit treten Drehmomente lediglich während der Anlaufphasen der Welle auf. Dieses Drehmoment wird aber kaum zu Torsionsspannungen in Querschnitt B-B führen, da die zu beschleunigenden Massen von der Antriebsseite aus gesehen nahezu komplett vor diesem Querschnitt liegen. Insofern werden die kaum vorhandenen Torsionsspannungen hier nicht näher beleuchtet.

Aufgrund der hohen Drehzahl der Unwuchtwelle werden sehr schnell sehr hohe Spannungsspielzahlen erreicht. Daher ist eine zeitfeste Auslegung der Welle auf keinen Fall angebracht. Dies gilt insbesondere vor dem Hintergrund des infolge der Schaltvorgänge (siehe Anmerkung) dynamischen Charakters der Biegespannungen aus der Fliehkraft. Es sind also der statische Nachweis und der Dauerfestigkeitsnachweis durchzuführen.

Dominante Spannung ist die Biegespannung aus der Fliehkraft. Aufgrund der großen Sicherheit gegenüber allen statischen Werkstoffkenngrößen (Streckgrenze, Zugfestigkeit) ist ein statisches Versagen nicht zu erwarten.

Die ebenfalls sehr kleinen dynamischen Spannungen mit im wesentlichen schwellenden Charakter lassen theoretisch unendlich viele Spannungsspiele zu – das Bauteil ist also dauerfest ausgelegt.

Teilaufgabe 3: Nachweis der Dauerfestigkeit

Im Querschnitt C-C liegen nur Schnittgrößen aus der Querkraft Q vor. Die Fliehkraft F_F hat auf diesen Querschnitt, im Gegensatz zu Querschnitt B-B, keinen Einfluss:

Zug-/Druckspannungen:

Da keine Zug- oder Druckkräfte in die Welle eingeleitet werden, liegen keine entsprechenden Spannungen vor.

Schubspannungen:

$$\tau_s = \frac{Q}{A} = \frac{Q}{\frac{\pi}{4}d^2} = \frac{500\,\text{N}}{\frac{\pi}{4}(50\,\text{mm})^2} = 0,25\,\text{N/mm}^2 \; ; \; \kappa = -1$$

Biegespannungen:

$$\beta_{kb}\left(\frac{R}{d} = \frac{20}{50} = 0,4 \,;\, R_m = 490\,\text{N/mm}^2 \,;\, \frac{D}{d} = \frac{90}{50} = 1,8\right) = 1,05$$

$$\sigma_b = \beta_{kb}\frac{M_b}{W_b} = \beta_{kb}\frac{M_b}{\frac{\pi}{32}d^3} = \beta_{kb}\frac{Q \cdot 100\,\text{mm}}{\frac{\pi}{32}d^3}$$

$$\sigma_b = 1,05\frac{500\,\text{N} \cdot 100\,\text{mm}}{\frac{\pi}{32}(50\,\text{mm})^3} = 4,3\,\text{N/mm}^2 \; ; \; \kappa = -1$$

Torsionsspannungen:

Torsionsspannungen treten ausschließlich während der Anlaufphase auf. Im stationären Betrieb sind aufgrund der angenommenen Reibungslosigkeit der Lager kein Torsionsmoment und somit auch keine entsprechenden Spannungen vorhanden. Aufgrund der unter Umständen sehr hohen Zahl an Anläufen ist davon auszugehen, dass diese Torsionsspannungen nicht mehr als rein statisch, sondern vielmehr als schwellende Beanspruchung angesehen werden müssen.

$$\beta_{kb}\left(\frac{R}{d} = \frac{2}{110} = 0,018 \,;\, R_m = 490\,\text{N/mm}^2 \,;\, \frac{D}{d} = \frac{190}{110} = 1,73\right) = 1,1$$

$$M_t = \theta\frac{\omega}{t_A} = f \cdot m_u \cdot e^2 \frac{2\pi n}{t_A} = 20 \cdot 18\,\text{kg}(0,019\,\text{m})^2 \frac{2\pi\,3000\,\text{min}^{-1}}{3\,\text{s}} = 13,6\,\text{Nm}$$

$$\tau_t = \beta_{kt}\frac{M_t}{W_t} = \beta_{kt}\frac{M}{\frac{\pi}{16}d^3} = 1,1\frac{13,6\,\text{Nm}}{\frac{\pi}{16}(50\,\text{mm})^3} = 0,61\,\text{N/mm}^2 \; ; \; \kappa = 0$$

Wird ungünstigerweise von einer phasengleichen Lager der Einzelspannungen ausgegangen, so liegen als Vergleichsspannungen vor:

$$\sigma_{vm} = \sqrt{\sigma_{bm}^2 + 3\tau_{tm}^2} = 1,1\,\text{N/mm}^2$$

$$\sigma_{va} = \sqrt{\sigma_{ba}^2 + 3\tau_{ta}^2} = 4,3\,\text{N/mm}^2$$

Wie den Einzelspannungen bereits anzusehen war, wird in der Vergleichsspannung im Wesentlichen die – wenn auch kleine – dominante Biegespannung abgebildet. Ohne in das zutreffende Dauerfestigkeitsdiagramm zu schauen ist sofort ersichtlich, dass der untersuchte Wellenquerschnitt dauerfest ausgelegt ist.

Anmerkung:

Der Zweck der Vibrationswalze besteht darin, den Boden zu verdichten. Hierzu wird der Boden in Schwingungen versetzt. Da der Boden über Dämpfung verfügt und somit Energie dissipiert, ist zur Aufrechterhaltung der Drehbewegung der Unwuchtwelle eine permanente Leistungszufuhr erforderlich. Aus diesem Grund tritt in der Welle auch permanent ein Drehmoment auf. Berücksichtigt werden kann dies allerdings nur bei näherer Kenntnis des Prozesses. Aus diesem Grunde findet dieses Drehmoment in die Rechnung hier keinen Eingang.

9.3 Radlagerung

9.3.1 Aufgabenstellung Radlagerung

Im Bild 9.3-1 ist die Lagerung eines angetriebenen Schlepperrades dargestellt. Innerhalb dieser Lagerung treibt ein Planetengetriebe das Rad an. Planetengetriebe realisieren eine große Übersetzung. Hierdurch können die Baugruppen im Antriebsstrang vor der eigentlichen Radlagerung relativ klein gehalten werden.

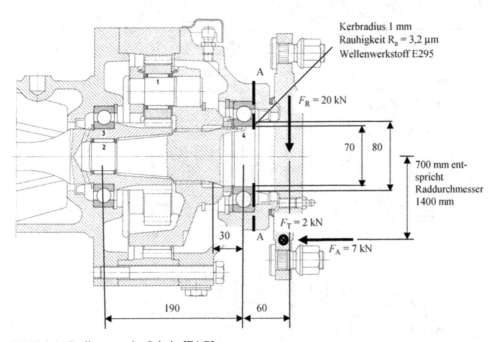

Bild 9.3-1: Radlagerung im Schnitt [FAG]

Bearbeitungspunkte:

Teilaufgabe 1:

Erklären Sie die Funktion der Radlagerung unter Berücksichtigung von:

    a) Kraftfluss vom Eingang bis zum Ausgang der Lagereinheit
    b) Drehsinn von Eingang und Ausgang der Lagereinheit
    c) Fest- und Loslagerungsseite der Abtriebswelle

Teilaufgabe 2:

Weisen Sie nach, dass der Wellenquerschnitt A-A dauerfest ausgelegt ist.

Teilaufgabe 3:

Wie groß muss die tragende Länge des Keilwellenprofils auf der Abtriebswelle (d = 65 mm) mindestens sein (p_{zul} = 80 N/mm2)? Ist die Welle im Bereich des Keilwellenprofils dauerfest ausgelegt?

Teilaufgabe 4:

Welches Rillenkugellager ist für die Lagerung der Abtriebswelle unter der Annahme erforderlich, dass der Schlepper über 2 Jahre an 20 Tagen pro Jahr jeweils 20 km zurücklegt

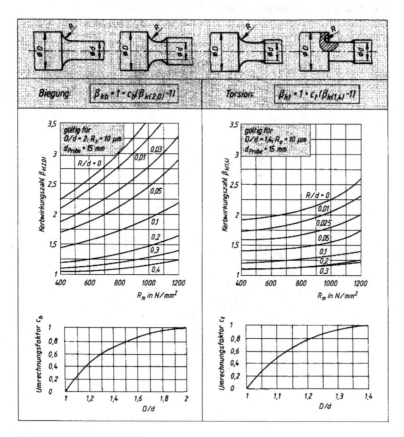

Biegung	$\sigma_n = M/(\pi d^3/32)$
Torsion	$\tau_n = T/(\pi d^3/16)$

Bild 9.3-2: Kerbwirkungsfaktoren Wellenabsatz [Muhs, S.46]

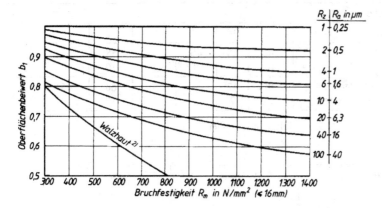

Bild 9.3-3: Oberflächenbeiwert [Matek, S.38]

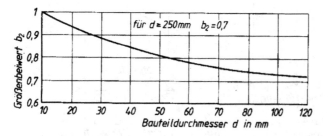

Bild 9.3-4: Größenbeiwert [Matek, S.38]

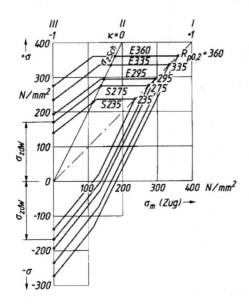

Bild 9.3-5: Dauerfestigkeitsdiagramm [Muhs, S.36]

Anzahl Keile		8						
Innendurchmesser d		32	36	42	46	52	56	62
Leichte Reihe	Außend. D_1	36	40	46	50	58	62	68
	Keilbreite B	6	7	8	9	10	10	12
Mittlere Reihe	Außend. D_1	38	42	48	54	60	65	72
	Keilbreite B	6	7	8	9	10	10	12

Bild 9.3-6: Keilwellenprofi nach DIN 5461 1 [ähnlich Hoischen, S.302]

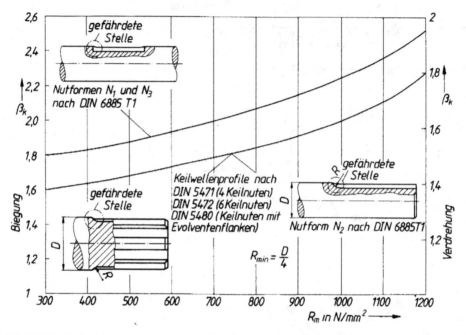

Bild 9.3-7: Kerbwirkungszahlen für Keilwellenprofile [Matek, S.39]

Innen-durchm. d in mm	Außen-durchm. D in mm	Breite B in mm	Dyn. Tragzahl C in N	Stat. Tragzahl C_0 in N	Kurzzeichen
60	78	10	8710	6700	61812
	85	13	16500	12000	61912
	95	11	19000	15000	16012
	95	18	29600	23200	6012
	110	22	52700	36000	6212
	130	31	81900	52000	6312
	150	35	108000	695000	6412
65	85	10	11900	9650	61813
	90	13	17400	13400	61913
	100	11	21200	16600	16013
	100	18	30700	25000	6013
	120	23	55900	40500	6213
	140	33	92300	60000	6313
	160	37	119000	780000	6413
70	90	10	12100	10000	61814
	100	16	23800	18300	61914
	110	13	28100	25000	16014
	110	20	37700	31000	6014
	125	24	60500	45000	6214
	150	35	104000	68000	6314
	180	42	143000	104000	6414
75	95	10	12500	10800	61815
	105	16	24200	19300	61915
	115	13	28600	27000	16015
	115	20	39700	33500	6015
	130	25	66300	49000	6215
	160	37	114000	76500	6315
	190	45	153000	114000	6415
80	100	10	12700	11200	61816
	110	16	25100	20400	61916
	125	14	33200	31500	16016
	125	22	47500	40000	6016
	140	26	70200	55000	6216
	170	39	124000	86500	6316
	200	48	163000	125000	6416

Bild 9.3-8: Katalog Rillenkugellager [ähnlich SKF]

9.3.2 Mögliche Lösung zur Aufgabe Radlagerung

Teilaufgabe 1: Funktion

Die Leistung wird von der Radnabe auf die Welle und von dort über eine Keilwellenverzahnung auf die Planetenträger übertragen. Über die Planeten geht die Leistung dann auf das Sonnenrad über, dessen Verzahnung sich auf der Antriebswelle befindet.

Teilaufgabe 2: Querschnitt A-A

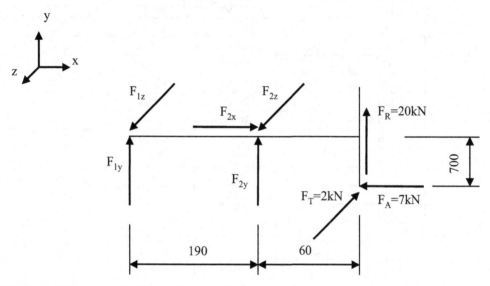

Bild 9.3-9: Kräfte an der Getriebewelle

Bestimmung der Lagerkräfte:

x-y-Ebene:

$$\sum M_{i2} = 0 = 190 \text{ mm} \cdot F_{1y} + 60 \text{ mm} \cdot F_R + 700 \text{ mm} \cdot F_A$$

$$F_{1y} = -\frac{60 \text{ mm} \cdot F_R + 700 \text{mm} \cdot F_A}{190 \text{ mm}} = -32,1 \text{ kN}$$

$$\sum M_{i1} = 0 = 190 \text{ mm} \cdot F_{2y} - 250 \text{ mm} \cdot F_R - 700 \text{ mm} \cdot F_A$$

$$F_{2y} = \frac{250 \text{ mm} \cdot F_R + 700 \text{ mm} \cdot F_A}{190 \text{ mm}} = 52,1 \text{ kN}$$

$$\sum F_{ix} = 0 = F_{2x} - F_A$$

$$F_{2x} = F_A = 7 \text{ kN}$$

x-z-Ebene:

$$\sum M_{i2} = 0 = 190 \text{ mm} \cdot F_{1z} + 60 \text{ mm} \cdot F_T$$

$$F_{1z} = -\frac{60 \text{ mm}}{190 \text{ mm}} F_T = 0,63 \text{ kN}$$

$$\sum M_{i1} = 0 = -190 \text{ mm} \cdot F_{2z} + 250 \text{ mm} \cdot F_T$$

$$F_{2z} = \frac{250 \text{ mm}}{190 \text{ mm}} F_T = 2,6 \text{ kN}$$

$$F_1 = \sqrt{F_{1y}^2 + F_{1z}^2} = 32,1 \text{ kN}$$

$$F_2 = \sqrt{F_{2y}^2 + F_{2z}^2} = 52,2 \text{ kN}$$

Bestimmung der Schnittgrößen im Querschnitt A-A:

$$N = -F_{2x} = -7 \text{ kN}$$

$$Q = \sqrt{F_R^2 + F_T^2} = 20,1 \text{ kN}$$

$$M_b = \sqrt{M_y^2 + M_z^2}$$

$$M_b = \sqrt{\left(60 \text{ mm} \cdot F_T\right)^2 + \left(60 \text{ mm} \cdot F_R + 700 \text{ mm} \cdot F_A\right)^2} = 6,1 \text{ kNm}$$

$$M_t = F_T \cdot 700 \text{ mm} = 1,4 \text{ kNm}$$

Spannungen im Querschnitt A-A:

$$\sigma_d = \frac{N}{A} = \frac{4N}{\pi d^2} = \frac{4 \cdot 7 \text{ kN}}{\pi \cdot \left(70 \text{ mm}\right)^2} = 1,8 \text{ N/mm}^2 \ ; \ \kappa = 1,0$$

$$\tau_s = \frac{Q}{A} = \frac{4 \cdot Q}{\pi \cdot d^2} = \frac{4 \cdot 20,1 \text{ kN}}{\pi \cdot \left(70 \text{ mm}\right)^2} = 5,2 \text{ N/mm}^2 \ ; \ \kappa = -1,0$$

$$\sigma_b = \beta_{kb} \frac{M_b}{W_b} = \beta_{kb} \frac{32 \cdot M_b}{\pi \cdot d^3} = 1,33 \frac{32 \cdot 6,1 \text{ kNm}}{\pi \cdot \left(70 \text{ mm}\right)^3} = 240,9 \text{ N/mm}^2 \ ; \ \kappa = -1,0$$

mit

$$\beta_{kb}\left(R_m\left(E295\right) = 490 \text{ N/mm}^2, \frac{R}{d} = \frac{1}{70} = 0,014, \frac{D}{d} = \frac{80}{70} = 1,14\right) = 1,33$$

$$\tau_t = \beta_{kt} \frac{M_t}{W_t} = \beta_{kt} \frac{16 \cdot M_b}{\pi \cdot d^3} = 1,45 \frac{16 \cdot 1,4 \text{ kNm}}{\pi \cdot \left(70 \text{ mm}\right)^3} = 30,1 \text{ N/mm}^2 \ ; \ \kappa = 0,0$$

mit

$$\beta_{kt}\left(R_m\left(E295\right) = 490 \text{ N/mm}^2, \frac{R}{d} = \frac{1}{70} = 0,014, \frac{D}{d} = \frac{80}{70} = 1,14\right) = 1,45$$

Aufgrund der Tatsache, dass der Spannungsnachweis für die Bauteiloberfläche durchgeführt wird und dort die Schubspannung zu Null wird, fällt die Schubspannung aus der Betrachtung heraus. Darüber hinaus ist die Schubspannung auch in anderen Bauteilzonen aufgrund ihres kleinen Betrages für den Spannungsnachweis kaum von Bedeutung und kann in der Regel vernachlässigt werden.

Aufteilung der Spannungen in Mittelwerte und Amplituden:

$$\sigma_{dm} = 1,8 \text{ N/mm}^2 \; ; \; \sigma_{da} = 0$$

$$\sigma_{bm} = 0 \; ; \; \sigma_{ba} = 240,9 \text{ N/mm}^2$$

$$\tau_{tm} = 15,1 \text{ N/mm}^2 \; ; \; \tau_{ta} = 15,1 \text{ N/mm}^2$$

Vergleichsspannung:

$$\sigma_{vm} = \sqrt{\sigma_{dm}^2 + 3\tau_{tm}^2} = 26,2 \text{ N/mm}^2$$

$$\sigma_{va} = \sqrt{\sigma_{ba}^2 + 3\tau_{ta}^2} = 242,3 \text{ N/mm}^2$$

Bestimmung der zulässigen Spannungsamplitude:

$$\sigma_{vazul}\left(\sigma_{vmvorh} = 26,2 \text{ N/mm}^2\right) = 190 \text{ N/mm}^2$$

$$\sigma_G = b_1 \cdot b_2 \cdot \sigma_{vazul}$$

$$b_1(70 \text{ mm}) = 0,77$$

$$b_2(R_m = 490 \text{ N/mm}^2, R_a = 3,2\mu m) = 0,88$$

$$\sigma_G = 0,77 \cdot 0,88 \cdot 190 \text{ N/mm}^2 = 128,7 \text{ N/mm}^2 \ll \sigma_{va} = 242,3 \text{ N/mm}^2$$

Der Wellenabsatz ist **_nicht_** dauerfest ausgelegt.

Teilaufgabe 3: Keilwelle

Keilwellenprofil:

Es liegt vor: Keilwellenprofil nach DIN 5461 mit D = 65 mm, d = 56 mm und z = 8

$$l_{tr} > \frac{2 \cdot M_t \cdot S}{p_{zul} \cdot d_m \cdot h' \cdot z \cdot \varphi} = \frac{2 \cdot 1,4 \text{ kNm} \cdot 1,0}{80 \text{ N/mm}^2 \cdot 60,5 \text{ mm} \cdot 4,5 \text{ mm} \cdot 8 \cdot 0,75} = 21,4 \text{ mm}$$

Praktisch würde die Länge z.B. zu 25 mm gewählt.

Durch Keilwellenprofil geschwächter Wellenquerschnitt:

Schnittgrößen:

$$Q = F_1 = 32,1 \text{ kN}$$

$$M_b = \sqrt{M_y^2 + M_z^2} = \sqrt{\left(160 \text{ mm} \cdot F_{1y}\right)^2 + \left(160 \text{ mm} \cdot F_{1z}\right)^2} = 5,1 \text{ kNm}$$

$$M_t = F_T \cdot 700 \text{ mm} = 1,4 \text{ kNm}$$

Druck tritt in diesem Querschnitt nicht auf, da diese Schnittgröße durch das Rillenkugellager aufgenommen wird.

Spannungen im Querschnitt A-A:

$$\tau_s = \frac{Q}{A} = \frac{4 \cdot Q}{\pi \cdot d^2} = \frac{4 \cdot 32{,}1 \text{ kN}}{\pi \cdot (65 \text{ mm})^2} = 9{,}7 \text{ N/mm}^2 \; ; \; \kappa = -1{,}0$$

$$\sigma_b = \beta_{kb} \frac{M_b}{W_b} = \beta_{kb} \frac{32 \cdot M_b}{\pi \cdot d^3} = 1{,}65 \frac{32 \cdot 5{,}1 \text{ kNm}}{\pi \cdot (65 \text{ mm})^3} = 312{,}1 \text{ N/mm}^2 \; ; \; \kappa = -1{,}0$$

mit

$$\beta_{kb} \left(R_m \left(St50 \right) = 500 \text{ N/mm}^2 \right) = 1{,}65$$

$$\tau_t = \beta_{kt} \frac{M_t}{W_t} = \beta_{kt} \frac{16 \cdot M_b}{\pi \cdot d^3} = 1{,}45 \frac{16 \cdot 1{,}4 \text{ kNm}}{\pi \cdot (65 \text{ mm})^3} = 37{,}6 \text{ N/mm}^2 \; ; \; \kappa = 0{,}0$$

mit

$$\beta_{kt} \left(R_m \left(St50 \right) = 500 \text{ N/mm}^2 \right) = 1{,}45$$

Aufgrund der Tatsache, dass der Spannungsnachweis für die Bauteiloberfläche durchgeführt wird und dort die Schubspannung zu Null wird, fällt die Schubspannung aus der Betrachtung heraus. Darüber hinaus ist die Schubspannung auch in anderen Bauteilzonen aufgrund ihres kleinen Betrages für den Spannungsnachweis kaum von Bedeutung und kann in der Regel vernachlässigt werden.

Aufteilung der Spannungen in Mittelwerte und Amplituden:

$$\sigma_{bm} = 0 \; ; \; \sigma_{ba} = 312{,}1 \text{ N/mm}^2$$

$$\tau_{tm} = 18{,}8 \text{ N/mm}^2 \; ; \; \tau_{ta} = 18{,}8 \text{ N/mm}^2$$

Vergleichsspannung:

$$\sigma_{vm} = \sqrt{\sigma_{bm}^2 + 3\tau_{tm}^2} = 32{,}6 \text{ N/mm}^2$$

$$\sigma_{va} = \sqrt{\sigma_{ba}^2 + 3\tau_{ta}^2} = 313{,}8 \text{ N/mm}^2$$

Bestimmung der zulässigen Spannungsamplitude:

$$\sigma_{vazul} \left(\sigma_{vmvorh} = 32{,}6 \text{ N/mm}^2 \right) = 190 \text{ N/mm}^2$$

$$\sigma_G = b_1 \cdot b_2 \cdot \sigma_{vazul}$$

$$b_1 (65 \text{ mm}) = 0{,}76$$

$$b_2 (R_m = 500 \text{ N/mm}^2, R_a = 3{,}2 \mu m) = 0{,}88$$

$$\sigma_G = 0{,}76 \cdot 0{,}88 \cdot 190 \text{ N/mm}^2 = 127{,}1 \text{ N/mm}^2 \ll \sigma_{va} = 313{,}8 \text{ N/mm}^2$$

Der Querschnitt ist ***nicht*** dauerfest ausgelegt.

Teilaufgabe 4: Lagerauslegung

$$C_{erf} = \sqrt[p]{L} \cdot F = \sqrt[p]{L} \cdot F_2 = \sqrt[3]{\frac{2 \cdot 20 \cdot 20000 \, m}{\pi \cdot 1{,}4 \, m \cdot 10^6}} 52{,}2 \text{ kN} = 29{,}6 \text{ kN}$$

Ausgewählt: Lager 6014 mit $C = 37{,}7$ kN.

9.4 Riemengetriebe

9.4.1 Aufgabenstellung Riemengetriebe

Das Bild 9.4-1 zeigt einen Ausschnitt aus einem in einem geschlossenen Gehäuse befindlichen Zahnriemengetriebe. Die gezeigte Welle kann über eine Kupplung zugeschaltet und über eine Bremse abgebremst werden.

Beharrungsleistung: 20 kW
Wellendrehzahl: 600 min^{-1}
Bremsungen erfolgen sehr selten.

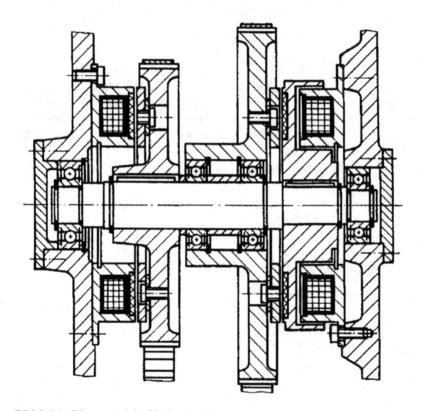

Bild 9.4-1: Riemengetriebe [Ortlinghaus]

Riemenscheibendurchmesser: links 300 mm, rechts 400 mm.
Wellendurchmesser unter der linken Riemenscheibe: 50 mm.
Wellendurchmesser unter dem linken Lager: 40 mm.
Horizontale Abstände Lager-Riemen-Riemen-Lager jeweils 100 mm.
Der horizontale Abstand linkes Lager – Sicherungsring beträgt 50 mm.
Drehmasse der Welle, Riemenscheibe und abtriebsseitigen Massen: 6 kgm^2

Bearbeitungspunkte:

Teilaufgabe 1:

Beschreiben Sie die Funktion der Konstruktion.

Teilaufgabe 2:

Zeichnen Sie die Welle und die auf sie wirkenden Kräfte auf für a) die Leistungsübertragung im Beharrungsbetrieb und b) die Bremssituation.

Teilaufgabe 3:

Liegt eine Fest-Loslagerung der Welle vor? Erläutern Sie Ihre Antwort.

Teilaufgabe 4:

Ist der Querschnitt, in dem sich der Sicherungsring zur Sicherung der linken Riemenscheibe befindet, dauerfest ausgelegt (β_{kb} = 2,5, β_{kt} = 2,2, b_1 = 0,9, b_2 = 0,85, Wellenwerkstoff E335)?

Teilaufgabe 5:

Wählen Sie ein geeignetes Lager für die linke Wellenlagerung (erwartete Lebensdauer $L = 100 \cdot 10^6$).

Teilaufgabe 6:

Bestimmen Sie die erforderliche Passfederlänge unter der linken Riemenscheibe unter Voraussetzung p_{zul} = 80 N/mm2. Für d = 50 mm gilt: h = 9 mm, t_1 = 5,5 mm, b = 14 mm.

Teilaufgabe 7:

Ermitteln Sie Beschleunigungszeit und Bremszeit beim Ein- oder Auskuppeln. Mittlerer Durchmesser Kupplung: 350 mm, Mittlerer Durchmesser Bremse: 300 mm, Dynamischer Reibwert Kupplung und Bremse: 0,2, Axiale Anzugskraft Kupplung und Bremse: 10 kN .

Teilaufgabe 8:

Weshalb kann bei Erwartung einer gleichen Beschleunigungs- und Bremszeit die Bremse kleiner gewählt werden als die Kupplung?

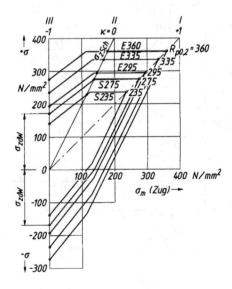

Bild 9.4-2:
Dauerfestigkeitsdiagramm [Muhs, S.36]

Teilaufgabe 9:

Mit wie vielen Schrauben auf dem mittleren Reibbelagsdurchmesser ist die Bremslamelle an der Riemenscheibe zu befestigen? Vorspannkraft einer Schraube: 20 kN, Vorspannkraftverlust einer Schraube: 2 kN, Haftreibung zwischen Schraube und Platten: 0,1.

Teilaufgabe 10:

Was passiert, wenn die Spulen von Kupplung und Bremse gleichzeitig erregt werden?

Teilaufgabe 11:

Verfügt das Getriebe wahrscheinlich über eine Gesamtübersetzung kleiner oder größer als Null?

Innendurchm. d in mm	Außendurchm. D in mm	Breite B in mm	Dyn. Tragzahl C in N	Stat. Tragzahl C_0 in N	Kurzzeichen
35	47	7	4750	3200	61807
	55	10	9580	6200	61907
	62	9	12400	6150	16007
	62	14	15900	10200	6007
	72	17	25500	15300	6207
	80	21	33200	19000	6307
	100	25	55300	31000	6407
40	52	7	4940	3450	61808
	62	12	13800	9300	61908
	68	9	13300	9150	16008
	68	15	16800	11600	6008
	80	18	30700	19000	6208
	90	23	41000	24000	6308
	110	27	63700	36500	6408
45	58	7	6050	4300	61809
	68	12	14000	9800	61909
	75	10	15600	10800	16009
	75	16	20800	14600	6009
	85	19	33200	21600	6209
	100	25	52700	31500	6309
	120	29	76100	45000	6409
50	65	7	6240	4750	61810
	72	12	14600	10400	61910
	80	10	16300	11400	16010
	80	16	21600	16000	6010
	90	20	35100	23200	6210
	110	27	61800	38000	6310
	130	31	87100	52000	6410
55	72	9	8840	6800	61811
	80	13	15900	11400	61911
	90	11	19500	14000	16011
	90	18	28100	21200	6011
	100	21	43600	29000	6211
	120	29	71500	45000	6311
	140	33	99500	62000	6411

Bild 9.4-3: Katalog Rillenkugellager [ähnlich SKF]

9.4.2 Mögliche Lösung zur Aufgabe Riemengetriebe

Teilaufgabe 1: Funktion

In die gezeigte Getriebewelle wird ein Drehmoment über einen Riementrieb eingeleitet und ebenfalls über einen Riementrieb wieder abgeleitet. Das antreibende Riemenrad ist drehbar auf der Welle gelagert, so dass das Drehmoment nur bei eingeschalteter Kupplung in die Welle eingeleitet wird. Zum Abbremsen der Welle und des Abtriebs befindet sich am linken Ende der Welle eine Bremse.

Teilaufgabe 2: Welle mit Kräften

Im Beharrungsbetrieb liegen folgende Kräfte vor:

- Radialkraft zentrisch auf Welle bei Riemenscheibe1
- Antriebsdrehmoment auf Welle bei Kupplung
- Radialkraft exzentrisch auf Welle bei Riemenscheibe 2
- Radiale Lagerkräfte an beiden Lagerstellen

Im Bremsbetrieb liegen folgende Kräfte vor:

- Radialkraft exzentrisch auf Welle bei Riemenscheibe 2
- Bremsdrehmoment auf Welle bei Riemenscheibe 2
- Drehmoment aus Drehträgheit bei Riemenscheibe2

Teilaufgabe 3: Art der Lagerung

Es liegt eine Fest-Loslagerung vor. Links: Festlager, rechts: Loslager. Das Festlager ist durch den Wellenabsatz, den Deckel uns zwei Sicherungsringe gehalten. Das Loslager ist innen durch den Wellenabsatz und den Sicherungsring gehalten sowie außen frei beweglich.

Teilaufgabe 4: Dauerfestigkeit des Querschnitts

Riemenkraft Riemen 1:

$$F_{R1} = \frac{2\,P}{d_1\,2\,\pi\,f} = \frac{2 \cdot 20\,\text{kW}}{400\,\text{mm} \cdot 2 \cdot \pi \cdot 600\,\text{min}^{-1}} = 1591\,\text{N}$$

Riemenkraft Riemen 2:

$$F_{R2} = \frac{d_1}{d_2}F_{R2} = \frac{400\,\text{mm}}{300\,\text{mm}}1591\,\text{N} = 2122\,\text{N}$$

Lagerkraft linkes Lager:

$$F_{L1} = \frac{F_{R1} \cdot 100\,\text{mm} + F_{R2} \cdot 200\,\text{mm}}{300\,\text{mm}} = 1945\,\text{N}$$

Schubspannung:

$$\tau = \frac{F_{L1}}{A} = \frac{1945\,\text{N}}{\frac{\pi}{4}(50\,\text{mm})^2} = 1{,}0\,\text{N/mm}^2 \quad , \quad \kappa = -1$$

Biegespannung:

$$\sigma_b = \beta_{kb}\frac{M_b}{W_b} = 2,5\frac{1945 \text{ N} \cdot 50 \text{ mm}}{\frac{\pi}{32}(50 \text{ mm})^3} = 19,8 \text{ N/mm}^2 \quad , \quad \kappa = -1$$

Vergleichsspannung:

$$\sigma_{vm} = 0 \quad , \quad \sigma_{va} = \sqrt{\sigma_{ba}^2} = \sigma_{ba} = 19,8 \text{ N/mm}^2$$

Zul. Vergleichsspannung:

$$\sigma_{vazul} = \sigma_D \cdot b_1 \cdot b_2 = 245 \text{ N/mm}^2 \cdot 0,9 \cdot 0,85 = 187,4 \text{ N/mm}^2$$

Das Bauteil ist im untersuchten Querschnitt dauerfest ausgelegt.

Teilaufgabe 5: Lagerauswahl

Erf. Dyn. Tragzahl:

$$C_{erf} = \sqrt[q]{LF} = \sqrt[3]{100}\ 1945 \text{ N} = 9027 \text{ N}$$

Alle Lager ab 62 mm Außendurchmesser sind geeignet.

Z.B.: Lager 6008 mit $C = 16800$ N.

Teilaufgabe 6: Passfederverbindung

Erf. Tragende Länge:

$$l_{tr} > \frac{2 \cdot M}{d \cdot p_{zul} \cdot t_1} = \frac{2 \cdot 318,3 \text{ Nm}}{0,05 \text{ } m \cdot 80 \text{ N/mm}^2 \cdot 3,5 \text{ mm}} = 45,5 \text{ mm}$$

Eine geeignete Passfeder ist: DIN 6885 – A 14 x 9 x 63.

Teilaufgabe 7: Beschleunigungs- und Bremszeit

Beschleunigungszeit:

$$t_A = \frac{\Theta \cdot 2 \cdot \pi \cdot f}{\dfrac{F_A \cdot \mu \cdot d_m}{2} - M_L}$$

$$t_A = \frac{6 \text{ kgm}^2 \cdot 2 \cdot \pi \cdot 600 \text{ min}^{-1}}{\dfrac{10 \text{ kN} \cdot 0,2 \cdot 0,35 \text{ } m}{2} - 318,3 \text{ Nm}} = 11,8 \text{ s}$$

Bremszeit:

$$t_B = \frac{\Theta \cdot 2 \cdot \pi \cdot f}{\dfrac{F_A \cdot \mu \cdot d_m}{2} + M_L}$$

$$t_{\text{B}} = \frac{6\,\text{kgm}^2 \cdot 2 \cdot \pi \cdot 600\,\text{min}^{-1}}{\dfrac{10\,\text{kN} \cdot 0,2 \cdot 0,3\,m}{2} + 318,3\,\text{Nm}} = 0,61\,\text{s}$$

Teilaufgabe 8: Baugröße Kupplung und Bremse

Die Bremse kann deshalb kleiner gebaut werden, da das permanent anstehende Lastmoment beim Bremsvorgang unterstützend wirkt, beim Beschleunigen dagegen einen Widerstand darstellt.

Teilaufgabe 9: Anzahl Schrauben

Anzahl Schrauben:

$$n > \frac{2 \cdot M}{\left(F_{\text{v}} - \Delta F_{\text{v}}\right)\mu \cdot d} = \frac{2\,\dfrac{10\,\text{kN} \cdot 0,2 \cdot 0,3\,m}{2}}{\left(20\,\text{kN} - 2\,\text{kN}\right)0,1 \cdot 0,3\,m} = 1,11$$

Eine Schraubenanzahl von zumindest 6 erscheint für eine plane Ausrichtung der Lamelle sinnvoll.

Teilaufgabe 10: Gleichzeitige Erregung

Werden die Spulen von Kupplung und Bremse gleichzeitig erregt, übertragen beide Elemente ein Drehmoment. Da das Lastmoment ergänzt um das Bremsmoment größer ist, als das Schaltmoment der Kupplung, wird die Kupplung beim Anfahren aus dem Stillstand permanent durchrutschen, ohne den Abtrieb zu beschleunigen. Es kommt zur Erwärmung und Verschleiß.

Teilaufgabe 11: Getriebeübersetzung

Wahrscheinlich verfügt das Getriebe über eine Übersetzung größer als Eins. Ansonsten wäre nicht unbedingt zu erwarten, dass das Riemenrad 2 im Durchmesser kleiner ausfällt als das Riemenrad 1.

9.5 Unwuchterreger

9.5.1 Aufgabenstellung Unwuchterreger

Das Bild 9.5-1 zeigt einen Unwuchterreger, der zum Antrieb eines Schwingförderers eingesetzt wird. Schwingförderer werden z.B. zum Transportieren, Trocknen und Sieben in der Steine- und Erdenindustrie eingesetzt. Weitere typische Einsatzgebiete sind die Nahrungsmittelindustrie, der Pharmasektor sowie Kleinteile verarbeitende Betriebe.

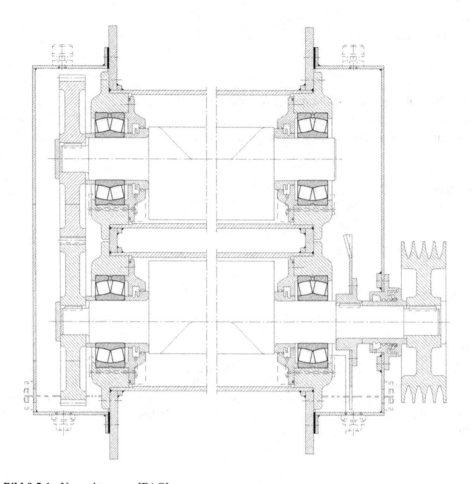

Bild 9.5-1: Unwuchterreger [FAG]

Daten:

Drehzahl des Unwuchterregers:	$n = 850\ \text{min}^{-1}$
Wellenabstand:	$a = 400\ \text{mm}$
Lagerabstand:	$l_L = 400\ \text{mm}$
Abstand Lager – Riemenscheibe:	$l_{RS} = 150\ \text{mm}$
Abstand Lager – Wellenabsatz zur Unwuchtmasse:	$l_U = 70\ \text{mm}$
Modul der Zahnräder:	$m = 8\ \text{mm}$
Masse einer Unwucht:	$m_u = 40\ \text{kg}$
Masse des Schwingförderers:	$m_S = 6\ \text{t}$
Trägheitsradius der Unwuchten:	$i_u = 76\ \text{mm}$
Exzentrizität der Unwuchten:	$e = 30\ \text{mm}$
Trägheitsmoment der nicht exzentrischen Massen:	$\Theta = 600\ \text{kgmm}^2$
Beschleunigungsmoment:	$M_B = 10\ \text{Nm}$
Wellendurchmesser unter der Riemenscheibe:	$d = 70\ \text{mm}$
Daten des Wellenabsatzes zur Unwuchtmasse:	E 295,
	$R_a = 1{,}6\ \mu m,\ R = 3\ \text{mm}$

Vorspannkraft Schrauben: $F_V = 29$ kN
Vorspannkraftverlust durch Setzen: $\Delta F_V = 5$ kN
Reibwert unter Schraubenkopf und zwischen Platten: $\mu = 0{,}1$
Betriebskraftanteil auf Schrauben: $\phi' = 0{,}3$
Krafteinleitungsfaktor: $n = 0{,}6$
Steifigkeit der Aufhängung des Schwingförderers: $c = 10$ kN/mm

Es kann davon ausgegangen werden, dass die Wälzlager reibungsfrei laufen.

Bilder 9.5-2 und 9.5-3: Unwuchterreger und Linearschwingsiebe [Schenck]

Bearbeitungspunkte:

Teilaufgabe 1:

Berechnen Sie die Beschleunigungszeit für die Baugruppe. Diskutieren Sie das Ergebnis mit Blickwinkel auf Anlagenproduktivität, Motorerwärmung, Resonanzerscheinungen u.a.

Teilaufgabe 2:

Beschreiben Sie die durch den Unwuchterreger erzeugte Kraft.

Teilaufgabe 3:

Ermitteln Sie die erforderliche Passfederlänge unter der Riemenscheibe unter Berücksichtigung von $p_{zul} = 80$ N/mm^2.

Innen-durchm. d in mm	Außen-durchm. D in mm	Breite B in mm	Dyn. Tragzahl C in N	Stat. Tragzahl C_0 in N	Kurzzeichen
90	160	40	253000	340000	22218 CC/W33
		40	282000	375000	22218 E
		52,4	311000	440000	23218 CC/W33
	190	43	322000	425000	21318 CC
		64	477000	610000	22318 CC/W33
		64	535000	695000	22318 E
95	170	43	282000	375000	22219 CC/W33
			334000	450000	22219 E
	200	45	351000	480000	21319 CC
		67	518000	670000	22319 CC/W33
			587000	765000	22319 E
100	165	52	322000	490000	23120 CC/W33
	180	46	311000	415000	22220 CC/W33
			368000	490000	22220 E
		60,3	414000	600000	23220 CC/W33
	215	47	385000	530000	21320 CC
		73	610000	800000	22320 CC/W33
			702000	950000	22320 E
110	170	45	267000	440000	23022 CC
	180	56	374000	585000	23122 CC/W33
		69	460000	750000	24122 CC/W33
	200	53	406000	560000	22222 CC/W33
			489000	640000	22222 E
		69,8	518000	765000	23222 CC/W33
	240	50	460000	630000	21322 CC
		80	725000	965000	22322 CC/W33
			828000	1120000	22322 E
120	180	46	305000	510000	23024 CC/W33
		60	374000	670000	24024 CC/W33
	200	62	449000	695000	23124 CC/W33
		80	575000	950000	24124 CC/W33
	215	58	466000	670000	22224 CC/W33
			552000	765000	22224 E
		76	610000	930000	23224 CC/W33
	260	86	845000	1120000	22324 CC/W33

Bild 9.5-4: Katalog Pendelrollenlager [ähnlich SKF]

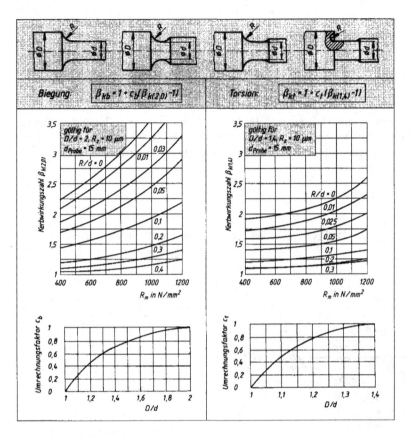

Bilder 9.5-5: Kerbwirkungszahlen [Muhs, S.46]

Teilaufgabe 4:

Ermitteln Sie geeignete Pendelrollenlager für die Lagerung der Wellen mit einem Durchmesser von $D = 90$ mm. Erwartete Lebensdauer: 10 Jahre je 1000 Stunden.

Teilaufgabe 5:

Bestimmen Sie den erforderlichen Wellendurchmesser unter den Lagern bei dauerfester Auslegung. Die Wellenkraft aus Keilriemen beträgt 2000 N.

Teilaufgabe 6:

Sind vier Schrauben M10, 8.8, welche a) quer und b) längs beansprucht werden für die Befestigung des Unwuchterregers am Schwingförderer ausreichend?

Teilaufgabe 7:

Ermitteln Sie die geometrischen Verzahnungsdaten und die auftretende Zahnnormalkraft.

Teilaufgabe 8:

Wie ist die gleiche Zähnezahl der beiden Zahnräder zu bewerten?

Teilaufgabe 9:

Mit welcher Amplitude wird der Schwingförderer stationär schwingen?

Teilaufgabe 10:

Legen Sie das Profil der Schmalkeilriemen unter Berücksichtigung der auftretenden Lagerreibung ($f = 0,0018$) und unter Vernachlässigung der Beschleunigungsphasen aus. Der Riementrieb ($i = 1,0$) wird durch einen Motor in Stern-Dreieck-Schaltung angetrieben.

Teilaufgabe 11:

Erläutern Sie das Lagerungskonzept.

Telaufgabe 12:

Wozu dient die Scheibe auf der Welle zwischen der rechten unteren Lagerung und dem Gehäuse?

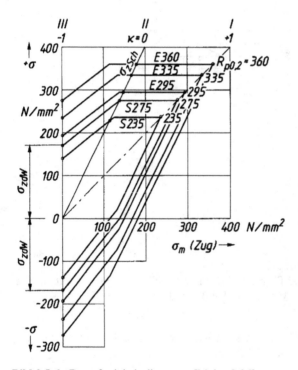

Bild 9.5-6: Dauerfestigkeitsdiagramm [Muhs, S.36]

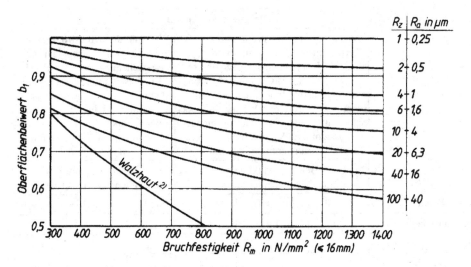

Bild 9.5-7: Oberflächenbeiwert [Matek, S.38]

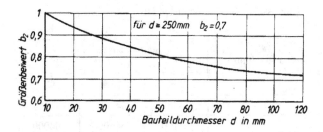

Bilder 9.5-8: Größenfaktor [Matek, S.38]

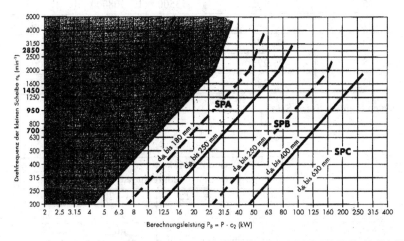

Bild 9.5-9: Auswahl von Hochleistungsschmalkeilriemen nach DIN 7753, Teil 1 [Optibelt]

Beispiele von Arbeitsmaschinen	Beispiele von Antriebsmaschinen					
	Wechsel- und Drehstrommotoren mit normalem Anlaufmoment (bis zu 1,8-fachem Nennmoment), z.B. Synchron- und Einphasenmotoren mit Anlasshilfsphase, Drehstrommotoren mit Direkteinschaltung, Stern-Dreieck-Schaltung oder Schleifring-Anlasser, Gleichstromnebenschlussmotoren, Verbrennungsmotoren und Turbinen mit $n < 600$ min^{-1}			Wechsel- und Drehstrommotoren mit hohem Anlaufmoment (über 1,8-fachem Nennmoment), z.B. Einphasenmotoren mit hohem Anlaufmoment, Gleichstromhauptschlussmotoren in Serienschaltung oder Kompound, Verbrennungsmotoren und Turbinen mit $n < 600$ min^{-1}		
	Belastungsfaktor c_2 für tägliche Betriebsdauer in h			Belastungsfaktor c_2 für tägliche Betriebsdauer in h		
	bis 10	10 bis 16	über 16	bis 10	10 bis 16	über 16
Leichte Antriebe	1,1	1,1	1,2	1,1	1,2	1,3
Mittelschwere Antriebe	1,1	1,2	1,3	1,2	1,3	1,4
Schwere Antriebe	1,2	1,3	1,4	1,4	1,5	1,6
Sehr schwere Antriebe	1,3	1,4	1,5	1,5	1,6	1,8

Bild 9.5-10: Belastungsfaktor c_2 für Hochleistungsschmalkeilriemen nach DIN 7753, Teil 1 [Optibelt]

Gewinde	Spannungsquerschnitt A_S in mm^2	Kernquerschnitt A_3 in mm^2	Schraubenkraft an der Streckgrenze $R_{p0,2}$ in N		
			8.8	10.9	12.9
M8 × 1,25	36,6	32,8	23400	34400	40300
M10 × 1,5	58	52,3	37100	54500	64000
M12 × 1,75	84,3	76,2	54000	79000	92500
M14 × 2	115	105	73500	108000	127000
M16 × 2	157	144	100000	148000	173000
M18 × 2,5	192	175	127000	180000	211000
M20 × 2,5	245	225	162000	230000	270000
M22 × 2,5	303	282	200000	285000	333000

Bild 9.5-11: Schraubendaten [ähnlich Esser, S.34]

Festigkeitsklassen		Dauerhaltbarkeit $\pm \sigma_A$ in N/mm^2 für Gewindedurchmesser in mm			
		< 8	$8 - 12$	$14 - 20$	> 20
	4.6 und 5.6	50	40	35	35
	8.8 bis 12.9	60	50	40	35
	10.9 und 12.9 schlussgerollt	100	90	70	60

Bild 9.5-12: Dauerfestigkeitsdaten [ähnlich Esser, S.21]

9.5.2 Mögliche Lösung zur Aufgabe Unwuchterreger

Teilaufgabe 1: Anlaufzeit

Die Anlaufzeit ergibt sich aus der Bedingung, dass sich das beschleunigende Moment und das Trägheitsmoment dynamisch das Gleichgewicht halten:

$$M = \Theta\,\alpha = \Theta\frac{2 \cdot \pi \cdot n}{t_A}$$

$$t_A = \frac{\Theta\,2\pi f}{M} = \frac{(\Theta + 2\,m_u i_u^2)\,2 \cdot \pi \cdot n}{M}$$

$$t_A = \frac{(600\,\text{kgmm}^2 + 2 \cdot 40\,\text{kg}(76\,\text{mm})^2)\,2 \cdot \pi \cdot 850\,\text{min}^{-1}}{10\,\text{Nm}} = 4{,}11\,\text{s}$$

Die Anlaufzeit ist kurz: Insofern sind keine Produktionsausfallzeit, keine Motorerwärmung durch Anlaufstrom und kein „Hängenbleiben" des Antriebsstrangs in Resonanzzuständen zu erwarten.

Teilaufgabe 2: Erregerkraft

Die erzeugte Kraft ist im Raum auf einer ruhenden Wirkungslinie angeordnet und hat sinusförmigen Verlauf. Die Wirkungslinie steht senkrecht zur dargestellten Schnittebene. Die Amplitude der erzeugten Kraft beträgt:

$$\hat{F} = 2 \cdot m_u \cdot e \cdot \omega^2 = 8 \cdot \pi^2 f^2 m_u \cdot e = 8 \cdot \pi^2 (850\,\text{min}^{-1})^2 \cdot 40\,\text{kg} \cdot 30\,\text{mm} = 19\,\text{kN}$$

Teilaufgabe 3: Passfederlänge

$$l_{tr} > \frac{2M}{p_{zul}(h - t_1)d} = \frac{2 \cdot 10\,\text{Nm}}{80\,\text{N/mm}^2 (12\,\text{mm} - 7{,}5\,\text{mm})70\,\text{mm}} = 0{,}8\,\text{mm}$$

Es könnte eine beliebig kurze Passfeder eingesetzt werden. Die Passfeder ist sinnvoll an die eingesetzte Nabe anzupassen.

Teilaufgabe 4: Pendelrollenlager

$$L = 15\,\text{Jahre} \cdot 1000\frac{\text{h}}{\text{Jahr}} \cdot 60\frac{\text{min}}{\text{h}} \cdot 850\,\text{min}^{-1} = 765 \cdot 10^6$$

$$C_{erf} = \sqrt[p]{LF} = \sqrt[\frac{10}{3}]{7659{,}5\,\text{kN}} = 69{,}6\,\text{kN}$$

Lager 22218 mit $C = 253\,\text{kN}$, $D = 160\,\text{mm}$, $B = 40\,\text{mm}$

Anmerkung:

Die Lebensdauergleichung beruht auf der Tatsache, dass der Innenring mit Umfangslast beaufschlagt wird. Unterliegt der Innenring Punktlast, wie hier gegeben, ist mit einer etwas verminderten Lebensdauer zu rechnen. Die Minderung in einer Größenordnung von ca. 2 % ist allerdings so gering, dass der Einfluss der Punktlast am Innenring gegenüber anderen Einflüssen auf die Lebensdauer von den Herstellern meist nicht ausgewiesen wird.

Teilaufgabe 5: Mindestwellendurchmesser

Torsion liegt aufgrund der Reibungsfreiheit in den Lagern nicht vor.

Mit den vorgegebenen Wellendaten ergeben sich für die Kerbwirkungskenngrößen:

$$\frac{R}{d} = 0,03 \quad ; \quad \beta_{kb} = 1,85 \quad ; \quad \beta_{kt} = 1,50$$

Aus der Wellenkraft:

$$F_2 = -\frac{550 \text{ mm}}{400 \text{ mm}} 2000 \text{ N} = -2750 \text{ N}$$

$$F_1 = \frac{150 \text{ mm}}{400 \text{ mm}} 2000 \text{ N} = 750 \text{ N}$$

$$Q = 750 \text{ N} \quad M = 247,5 \text{ Nm}$$

$$\tau_s = \frac{Q}{A} = \frac{750 \text{ N}}{\frac{\pi}{4}(90 \text{ mm})^2} = 0,1 \text{ N/mm}^2 \quad , \quad \kappa = -1$$

$$\sigma_b = \beta_{kb} \frac{M_b}{W_b} = 1,85 \frac{247,5 \text{ Nm}}{\frac{\pi}{4}(90\text{mm})^3} = 3,5 \text{ N/mm}^2 \quad , \quad \kappa = -1$$

Aus der Fliehkraft:

$$F_1 = F_2 = 4750 \text{ N}$$

$$Q = 4750 \text{ N} \quad M = 332,5 \text{ Nm}$$

$$\tau_s = \frac{Q}{A} = \frac{4750 \text{ N}}{\frac{\pi}{4}(90 \text{ mm})^2} = 0,7 \text{ N/mm}^2 \quad , \quad \kappa = 1$$

$$\sigma_b = \beta_{kb} \frac{M_b}{W_b} = 1,85 \frac{332,5 \text{ Nm}}{\frac{\pi}{4}(90 \text{ mm})^3} = 4,64 \text{ N/mm}^2 \quad , \quad \kappa = 1$$

Sowohl die statischen Spannungen als auch die dynamischen Spannungen werden durch die Biegespannungen dominiert. Da der statische Anteil größer ist als der dynamische, gilt:

$$\sigma_{bm} + \sigma_{ba} < \sigma_{Do \, max}$$

ohne Berücksichtigung von τ, b_1, b_2

$$\beta_{kb} \frac{M_b(F_u)}{\frac{\pi}{32}d^3} + \beta_{kb} \frac{M_b(F_w)}{\frac{\pi}{32}d^3} < \sigma_{Do \, max}$$

$$d > \sqrt[3]{\frac{32\beta_{kb}}{\pi \, \sigma_{Do \, max}} \left(M_b(F_u) + M_b(F_w) \right)}$$

$$d = \sqrt[3]{\frac{32 \cdot 1,85}{\pi\, 295\ \text{N/mm}^2}} \left(332,5 \cdot 10^3\ \text{Nmm} + 247,5 \cdot 10^3\ \text{Nmm}\right) = 33\ \text{mm}$$

Gewählt mit gewissem Abstand zu 33 mm zur Berücksichtigung der bisher nicht eingegangenen Einflussfaktoren: $d = 40$ mm. Damit ergeben sich die Spannungen zu:

$$\tau_s(\kappa = -1) = 0,6\ \text{N/mm}^2,\, \sigma_b(\kappa = -1) = 72,9\ \text{N/mm}^2$$

$$\tau_s(\kappa = 1) = 3,8\ \text{N/mm}^2,\, \sigma_b(\kappa = 1) = 97,9\ \text{N/mm}^2$$

$$\sigma_{vm} = 98,0\ \text{N/mm}^2,\, \sigma_{va} = 72,9\ \text{N/mm}^2$$

$$\sigma_{vazul} = \sigma_D \cdot b_1 \cdot b_2 = 170\ \text{N/mm}^2 \cdot 0,85 \cdot 0,9 = 130,1\ \text{N/mm}^2$$

Das Bauteil wäre mit einem Durchmesser von 40 mm dauerfest ausgelegt. Mit einem Durchmesser von 90 mm ist die Welle deutlich überdimensioniert.

Teilaufgabe 6: Schraubenanzahl

Bei Querbelastung ist das entscheidende Kriterium, dass die auftretenden Kräfte über Reibschluss übertragen werden können:

$$n > \frac{\hat{F}}{(F_v - \Delta F_v)\mu} = \frac{19 \cdot 10^3\ \text{N}}{(29\ \text{kN} - 5\ \text{kN})0,1} = 7,91$$

Bei Querbelastung sind somit 8 Schrauben erforderlich.

Bei Längsbelastung ist entscheidend, dass die Schrauben die infolge der Längsbelastung auftretenden Spannungsamplituden dauerhaft ertragen können:

$$i > \frac{n\phi'\hat{F}}{A_s \sigma_{zul}} = \frac{0,6 \cdot 0,3 \cdot 19\ \text{kN}}{58\ \text{mm}^2\, 50\ \text{N/mm}^2} = 1,17$$

Bei Längsbelastung sind unter dem Blickwinkel der Schraubenbeanspruchung vier Schrauben völlig ausreichend. Zum Nachweis der Funktionalität ist zusätzlich zu ermitteln, ob die Restklemmkraft im Betrieb ein zweckmäßiges Mindestniveau nicht unterschreitet. Dies ist zum einen zu gewährleisten, damit die Funktionalität der Baugruppe sicher gestellt ist. Darüber hinaus ist zu beachten, dass nach dem Aufheben des Plattenkontakts die üblichen Annahmen für die Schraubenauslegung nicht mehr zutreffend sind.

Teilaufgabe 7: Verzahnungsdaten

Achsabstand: $\qquad\qquad\qquad a = \frac{1}{2}m\left(z_1 + z_2\right) = mz$

Zähnezahl: $\qquad\qquad\qquad z = \frac{a}{m} = \frac{400\ \text{mm}}{8\ \text{mm}} = 50$

Teilkreisdurchmesser: $\qquad d_1 = m \cdot z = 8\ \text{mm} \cdot 50 = 400\ \text{mm}$

Kopfkreisdurchmesser: $\qquad d_{a1} = m(z + 2) = 8\ \text{mm}(50 + 2) = 416\ \text{mm}$

Fußkreisdurchmesser: $\qquad d_{f1} = m(z - 2,5) = 8\ \text{mm}(50 - 2,5) = 380\ \text{mm}$

Teilaufgabe 8: Bewertung der Zähnezahlen

Die gleiche Zähnezahl ist kritisch vor dem Hintergrund, dass sich einmal vorhandene Schäden durch permanenten gegenseitigen Kontakt von Schadensstellen schneller entwickeln als bei gleichen Zähnezahlen.

Teilaufgabe 9: Schwingamplitude

Wie [Vöth] entnommen werden kann, lautet für den hier vorliegenden Fall eines nicht ge-
dämpften Einmassenschwingers die Schwingungsdifferentialgleichung:

$$m\ddot{x} + cx = \hat{F}\sin(\Omega t)$$

Lösungsansatz für die Auslenkung des Schwingförderers im stationären Betrieb, d.h. nach
Durchlaufen der Anlaufphase:

$$x = \hat{x}\sin(\Omega t)$$

Zweimaliges Ableiten des Lösungsansatzes nach der Zeit und Einsetzen in die Differential-
gleichung führt zur Auslenkungsamplitude in Abhängigkeit von der Anregungsamplitude und
der Anregungsfrequenz, dem so genannten Frequenzgang:

$$\hat{x} = \frac{\hat{F}}{c - m\Omega^2} = \frac{19 \cdot 10^3\,\text{N}}{10\,\dfrac{\text{kN}}{\text{mm}} - 6000\,\text{kg}\left(2 \cdot \pi \cdot 850\,\text{min}^{-1}\right)^2} = -0,51\,\text{mm}$$

Das negative Vorzeichen der Schwingamplitude zeigt an, dass der Schwingförderer überkri-
tisch, d.h. mit einer höheren Frequenz als der Eigenfrequenz des Systems, angeregt wird. Bei
einer solchen überkritischen Anregung haben bei einem theoretisch ungedämpften Schwinger
die anregende Kraft und die Auslenkung des Systems eine Phasenverschiebung von 180° oder
π zueinander. Anregung und Auslenkung sind gegenläufig.

Teilaufgabe 10: Riemenauswahl

Nennleistung des Keilriementriebs:

$$P = 2 \cdot M \cdot \omega = 2\frac{1}{2}\hat{F} \cdot f \cdot d \cdot 2 \cdot \pi \cdot f = 272\,\text{W}$$

Berechnungsleistung des Keilriementriebs:

$$P_B = c_2 P$$

Bild 9.5-10: c_2 (Stern-Dreieck, < 10 h, Schwingsieb) = 1,1

$$P_B = 544\,\text{W}$$

Die Keilriementype mit kleinstem Querschnitt ist völlig ausreichend: Profil SPZ

Teilaufgabe 11: Lagerkonzept

Beide Wellen sind nach dem gleichen Konzept gelagert. Linksseitig befinden sich jeweils
Festlager. Rechtsseitig sind die Lager auf der Welle verschiebbar gelagert. Zumindest kann
davon ausgegangen werden, da die Innenringe der Lager auf der rechten Seite auf keiner Seite
seitlich abgestützt sind. Insofern handelt es sich wahrscheinlich und technisch sinnvoller weise
um Loslager.

Teilaufgabe 12: Scheibenfunktion

Es handelt sich um eine Spritzscheibe zur Verteilung von Schmiermittel innerhalb des Getrie-
begehäuses. Die in den Ölsumpf eintauchende Spritzscheibe nimmt das Öl auf, welches dann
über die wirkenden Fliehkräfte im Raum verteilt wird. Hierdurch können z.B. nicht abgedich-
tete Wälzlager mit Schmierstoff versorgt werden.

10 Quellenverzeichnis

Unternehmen:

[Bomag]	Bomag GmbH, Boppard
[Büdenbender]	Eugen Büdenbender Behälter und Apparatebau, Netphen
[Demag]	Demag Cranes & Components GmbH, Wetter
[Desch]	Desch Antriebstechnik GmbH & Co. KG, Arnsberg
[FAG]	FAG Kugelfischer KGaA, Schweinfurt
[Flender]	A. Friedr. Flender AG, Bocholt, Flender Tübingen GmbH, Tübingen
[Gottwald]	Gottwald Port Technology GmbH, Düsseldorf
[Hexagon]	Hexagon Industriesoftware GmbH, Kirchheim
[KKK]	Kühnle, Kopp & Kausch AG, Frankenthal
[Köbo]	Köhler & Bovenkamp GmbH & Co. KG, Wuppertal
[Mubea]	Mubea Tellerfedern und Spannelemente GmbH, Daaden
[Optibelt]	Optibelt GmbH, Höxter
[Ortlinghaus]	Ortlinghaus Werke GmbH, Wermelskirchen
[Rexnord]	Rexnord GmbH, Dortmund
[RINGSPANN]	RINGSPANN GmbH, Bad Homburg
[RWE]	RWE Power AG, Essen
[Schenck]	Schenck Process GmbH, Darmstadt
[Shimano]	Shimano Europe B.V. Nunspeet, NL
[Siegert]	Siegert & Co. GmbH & Co., Hamburg
[Siegling]	Siegling GmbH, Hannover
[SKF]	SKF GmbH, Schweinfurt
[Tedata]	Tedata GmbH, Bochum
[Terex Demag]	Terex Demag GmbH & Co. KG, Zweibrücken

Literatur

[Blume]	Blume, Illgner: Schraubenvademecum, Hrsg.: Textron Verbindungstechnik GmbH & Co. OHG, 1991
[Böge]	Böge (Hrsg.): Vieweg Taschenbuch Maschinenbau, Vieweg, 17. Auflage, 2004
[Dankert]	Technische Mechanik, Teubner, 3. Auflage, 2004
[Ehrlenspiel]	Ehrlenspiel: Integrierte Produktentwicklung, Hanser, 1995
[Esser]	Ermüdungsbruch, Hrsg.: Textron Verbindungstechnik GmbH & Co. OHG, 18. Auflage, 1986
[Gross]	Gross, Hauger, Schnell: Technische Mechanik, Teile 1-3, Springer, 2.Auflage, 1989
[Grote]	Grote, Feldhusen (Hrsg.): Dubbel, Taschenbuch für den Maschinenbau, Springer, 21. Auflage, 2005
[Hintzen]	Hintzen, Laufenberg, Kurz: Konstruieren, Gestalten, Entwerfen, Vieweg, 2. Auflage, 2000
[Hoischen]	Hoischen: Technisches Zeichnen, Cornelsen, 29. Auflage, 2003
[INA]	Paland: INA Technisches Taschenbuch, Hrsg.: INA-Schaeffler KG, 7. veränderter Nachdruck, 2002

[Kabus]   Decker: Maschinenelemente, Hanser, 15. Auflage, 2000

[Klein]   Klein: Einführung in die DIN-Normen, Teubner, 13. Auflage, 2001

[Kollmann]   Kollmann: Welle-Nabe-Verbindungen, Springer, 1984

[Künne1]   Künne: Köhler/Rögnitz: Maschinenteile 1 und 2, Teubner, 9. Auflage, 2003

[Künne2]   Künne: Einführung in die Maschinenelemente, Teubner, 2. Auflage, 2001

[Matek]   Matek et.al.: Roloff/Matek: Maschinenelemente - Tabellen, Vieweg, 10. Auflage,
                 1986

[Müller]   Müller: Kompendium Maschinenelemente, Eigenverlag, 1987

[Muhs]   Muhs et.al.: Roloff/Matek: Maschinenelemente - Lehrbuch - Tabellen, Vieweg,
                 16. Auflage, 2003

[Neuber]   Neuber: Kerbspannungslehre, Springer, 4. Auflage , 2001

[Niemann]   Niemann, Winter: Maschinenelemente, Springer, 1986

[Vöth]   Vöth: Dynamik diskreter Systeme, Vieweg, 2006

[Zammert]   Zammert: Betriebsfestigkeitsrechnung, Vieweg, 1984

Register

Teubner Lehrbücher: einfach clever

Künne, Bernd
Köhler/Rögnitz
Maschinenteile 1

9., überarb. und akt. Aufl. 2003.
475 S. Br. € 29,90
ISBN 3-519-16341-1

Künne, Bernd
Köhler/Rögnitz
Maschinenteile 2

9., überarb. und akt. Aufl. 2004.
526 S. Br. € 34,90
ISBN 3-519-16342-X

Künne, Bernd
Einführung in die
Maschinenelemente
Gestaltung - Berechnung -
Konstruktion

2., überarb. Aufl. 2001. X, 404 S.
Br. € 36,90
ISBN 3-519-16335-7

Stand Juli 2006.
Änderungen vorbehalten.
Erhältlich im Buchhandel
oder beim Verlag.

B. G. Teubner Verlag
Abraham-Lincoln-Straße 46
65189 Wiesbaden
Fax 0611.7878-400
www.teubner.de